游戏与动漫系列丛书

游戏特效设计

翟继斌　孟祥禹　编著

GAME EFFECTS DESIGN

化学工业出版社

·北京·

本书通过精选经典优秀案例详细阐述游戏特效设计制作的原理和方法。全书共4章。第1章介绍游戏特效设计的重要作用和主要内容，详细讲解游戏特效设计的概念和流程；第2章以篝火为例，运用Unity3D软件粒子系统详细介绍游戏引擎的基本原理和制作方法；第3章以火和光为例，详细介绍武器特效的制作方法和注意要点；第4章以角色常规行为和战斗攻击为例，详细介绍游戏角色特效的制作方法和注意要点。本书从基本原理、基本操作入手，使读者通过项目案例的详细步骤和设计经验，循序渐进地掌握游戏特效设计的流程和技巧。

本书适合作为各大综合类、艺术类本专科院校、相关培训机构专业教材，也可作为游戏行业工作者、爱好者、初学者、游戏开发团队参考用书。

图书在版编目（CIP）数据

游戏特效设计/翟继斌，孟祥禹编著. —北京：化学工业出版社，2016.6（2022.3重印）
（游戏与动漫系列丛书）
ISBN 978-7-122-26865-5

Ⅰ.①游… Ⅱ.①翟…②孟… Ⅲ.①游戏-软件设计 Ⅳ.①TP311.5

中国版本图书馆CIP数据核字（2016）第082326号

责任编辑：李彦玲　　文字编辑：丁建华
责任校对：宋　夏　　装帧设计：王晓宇

出版发行：化学工业出版社（北京市东城区青年湖南街13号　邮政编码100011）
印　　装：涿州市般润文化传播有限公司
787mm×1092mm　1/16　印张7　字数159千字　2022年3月北京第1版第2次印刷

购书咨询：010-64518888　　售后服务：010-64518899
网　　址：http://www.cip.com.cn
凡购买本书，如有缺损质量问题，本社销售中心负责调换。

定　　价：49.00元

前　言
Foreword

互联网时代给电子游戏行业带来了更多的发展机遇。中国游戏产业蓬勃发展，已形成较为完整的产业链。电子游戏在中国拥有广泛的受众基础和庞大的市场基础。作为一种娱乐消费品，随着日益强大的网络经济，电子游戏经济已是娱乐产业中相当重要的组成部分。

游戏特效是游戏产品的重要组成部分。精致的特效设计可以提升游戏的美感、强化渲染主题。恰当的特效设计更能为作品提升附加值，直接影响着整部作品的风格和艺术水平，也是提高游戏质量的重要元素。游戏中华丽的特效表现和画面显示可以烘托游戏气氛，吸引玩家的目光，增加战斗体验，拉进玩家互动，在产品宣传推广中也有推波助澜的效果。所以，我们优选游戏特效设计中的经典案例梳理汇编成书，为广大游戏从业人员、爱好者提供学习资料。

本书内容丰富、结构清晰、实例典型、讲解详细、富于启发性。从介绍游戏特效类型和游戏特效设计制作流程出发，使读者了解游戏特效设计的作用和意义，明确了学习目标。再从特效设计的简单粒子内容开始，讲解常规案例的详细步骤，由浅入深、循序渐进地带入较复杂魔法案例的设计制作层次，在符合科学的学习规律前提下，使读者潜移默化地得到提高，掌握游戏特效设计的流程和技巧。

本书的最大特点之一是从基本原理、基本操作简单案例入手，不仅讲解了基础知识，通过项目实践还总结出一套游戏设计制作规律，使读者在进行案例学习的过程中逐步掌握游戏设计的思维方式，获得自主设计制作的能力。无论读者用何款软件、用何种版本设计制作游戏，本书都能提供帮助，达到学以致用的目的。

读者在学习游戏特效设计制作过程当中应遵循由简到难的学习规律和三步学习方法。第一步，首先了解游戏特效设计的原理和流程，熟悉软件界面，掌握基本操作要点，学习基础知识。第二步，从较简单案例入手，熟悉游戏特效设计制作流程和方法。第三步，增加案例技术难度和复杂程度，掌握游戏特效设计制作中的高级技巧和方法，逐步提高设计制作成熟项目的能力。

本书的顺利完成，要特别感谢化学工业出版社给予的帮助和指导。同时感谢宋雨、王大禹、李松珩、郑龙瑶、李冠霖、鄂尔文、王旭东等为本书提供编写帮助。

希望本书能够对正在学习游戏设计的同学们和从业者有所帮助。但由于水平有限，疏漏与不足之处也在所难免，敬请读者和专家们指正。

翟继斌

2016年4月

目 录 Contents

第1章 游戏特效概述

Chapter 01

在游戏中经常会看到游戏角色武器攻击时的刀光、对打产生的能量波、爆炸的火花烟雾、水流和各种天气效果等带给我们直观震撼的光影和粒子效果，这些在数字游戏中的效果都是由计算机进行模拟并在不同游戏平台上呈现给玩家的。因此特效是游戏中不可或缺，至关重要的一个环节，是在游戏开发的中后期出现的一种美术制作形式。游戏特效一般是指在虚拟世界中由计算机制作出的现实世界中一般不会出现的特殊效果，或对现实世界出现的现象或效果进行夸张、强调、美化处理的一种表现手法，普遍应用于数字游戏当中，其特点是短小而精致的，常常起到画龙点睛的作用。如图1-1、图1-2所示。

图1-1 《孤岛危机》

图1-2 《命运竞技场》

游戏特效不仅是游戏的重要组成部分，也是提高游戏质量的重要元素。游戏中华丽的特效表现和画面显示可以烘托游戏气氛，吸引玩家的目光，增加战斗体验，拉进玩家互动。它具有增强视觉效果、提高美术水准和游戏质量的重要作用，在产品宣传推广中也有推波助澜的效果。如图1-3所示。

图1-3 《巫妖国度：战法师》

起初无论是角色技能特效，场景中的瀑布、落叶等流体或天气，还是UI界面特效，都需要程序员根据策划的要求进行效果编写。当游戏特效需求达到一定量级的话，对其采用逐一编写的方法就显得捉襟见肘，效率低下，表现效果不佳。因此，作为游戏特效师除具备基本审美素质以外，还需要有海阔天空的想象力和非常丰富的画面表现力。比如表现爆炸效果，需要考虑爆炸的形态、烟雾的形状、散开的碎片、被击中物体的反映状态等。一切都必须表现得既符合逻辑又极富艺术感染力。在制作技术上来说，特效设计是需要软件知识最多的一个工序，2D绘图软件、3D动画软件、引擎粒子编辑器等软件都需要灵活运用，如图1-4所示。

图1-4 《街头霸王》

1.1　游戏特效分类

1.1.1　二维游戏特效

早期游戏的一种表现形式，目前制作技术已经比较成熟，最大的特点就是相比其他游戏特效风格占用系统资源较少。一般在运用动画运动规律和原理的基础上，根据策划要求，通过2D绘图软件，创建一张或多张黑白特效图片，黑白序列图片即为特效的通道信息，然后由程序将特效通道部分赋予相应的颜色并控制旋转放缩，导出生成序列图格式，导入游戏引擎处理调用。这样一张图片就可以有各种颜色的外观，既节省了资源又使特效千变万化。如图1-5所示。

图1-5　二维游戏特效素材

1.1.2　三维游戏特效

三维游戏特效具有更强的视觉表现力，给玩家带来更强的体积和纵深感。三维游戏特效在制作上虽比二维特效技术要求高，但运用三维软件便于制作爆炸、魔法等光影、流体效果，并且方便修改，制作周期较短，同时最终也可以渲染为二维风格的游戏特效视觉效果。如图1-6所示。

图1-6　三维游戏特效素材

1.1.3 引擎游戏特效

游戏引擎制作特效主要通过粒子模块来实现，占用资源少，由于游戏直接从游戏引擎发布，游戏特效元素在游戏产品中整合和表现效果较好，所见即所得，修改便捷。很多游戏中的效果都运用游戏引擎中的粒子系统制作，随着游戏引擎工具日新月异，不断更迭，但无论使用何款软件，粒子系统的工作原理和参数大同小异，区别不大。通过调试不同的粒子属性，比如大小、颜色、数量等，可以设计制作出各种纷繁复杂、丰富多样的特殊效果。如图1-7所示。

图1-7 引擎游戏特效素材

1.2 游戏特效软件

制作游戏特效的软件很丰富，如Photoshop、3DS Max、Particle Illusion、Maya、Flash After Effects等二维、三维特效软件，以及各种不同的游戏引擎（Unity 3D）中的粒子系统。

（1）Photoshop Adobe Photoshop，简称“PS”，是由Adobe Systems开发和发行的图像处理软件。

Photoshop主要处理以像素所构成的数字图像。使用其众多的编修与绘图工具，可以有效地进行图片编辑工作。PS有很多功能，在图像、图形、文字、视频、出版等各方面都有涉及，常用在2D游戏特效的制作中。

（2）Flash Flash是一种集动画创作与应用程序开发于一身的创作软件。Flash广泛用于创建吸引人的应用程序，它们包含丰富的视频、声音、图形和动画。可以在Flash中创建原始内容或者从其他Adobe应用程序（如Photoshop或Illustrator）导入它们，快速设计简单的动画。

（3）3DS Max 3D Studio Max，常简称为3DS Max或MAX，是Discreet公司开发的（后被Autodesk公司合并）基于PC系统的三维动画渲染和制作软件。在应用范围方面，广泛应用于广告、影视、工业设计、建筑设计、三维动画、多媒体制作、游戏、辅助教学以及工程可视化等领域，常用于制作3D游戏特效的建模和动画。

（4）Maya　Autodesk旗下的著名三维建模和动画软件。Maya 2013可以大大提高电影、电视、游戏等领域开发、设计、创作的工作流效率，Maya是现在最为流行的顶级三维动画软件，在国外绝大多数的视觉设计领域都在使用Maya，即使在国内该软件也是越来越普及。由于Maya软件功能更为强大，体系更为完善，因此国内很多的三维动画制作人员都开始转向Maya，而且很多公司也都开始利用Maya作为其主要的创作工具。很多的大城市，经济发达地区，Maya软件已成为三维动画软件的主流。

（5）Particle Illusion　Particle Illusion（官方简称为pIllusion；中文直译为幻影粒子系统），是一个主要以Windows为平台独立运作的电脑动画软件。Particle Illusion是一套专业的2D粒子特效软件，其界面非常容易操作，创造的效果可媲美3D特效的真实效果。同时其还具有丰富的粒子库可供选择。

（6）Unity3D　Unity是由Unity Technologies开发的一个让玩家轻松创建诸如三维视频游戏、建筑可视化、实时三维动画等类型互动内容的跨平台的综合型游戏开发工具，是一个全面整合的专业游戏引擎。Unity类似于Director、Blender Game Engine、Virtools或Torque Game Builder等利用交互的图形化开发环境为首要方式的软件，其编辑器运行在Windows和Mac OS X下，一次开发就可发布游戏至Windows、Mac、Wii、iPhone、Windows Phone 8和Android等目前所有主流游戏平台。

1.3 游戏特效设计思路

1.3.1 分析设计要求

首先，游戏特效师要根据游戏策划人员提供的特效制作要求，了解特效的内容，包括技能名称、技能性质（功能）、技能范围和数值信息。比如技能“火海狂炸”，策划的文字描写是火系魔法师集毕生能量进行火属性魔法攻击造成的，有开天辟地的气势，可造成对手当前生命值30%的伤害，能在火焰涉及的范围内给对手造成伤害，是团战的必杀技。

然后通过文字了解游戏特效的制作需求后，需要对信息进行分析，然后构思如何使用软件或引擎来表达特效的效果。

接下来，以“火海狂炸”为实例，来说明游戏特效从构思到实现制作的步骤。

① 首先从“火海狂炸”的效果表现来分析，需要具有开天辟地的气势，特效的要求是重击地面产生浓浓火焰及火焰击打造成的地裂效果。

② 从“火海”的字面含义理解，一定是如海水一般的火焰，火势猛烈而范围广，而“狂炸”的爆炸需要强烈的放射光芒，冲击力度强。

③ 既然是团战的必杀技应该是群体攻击，应突出攻击范围大，破坏力度强的特点。

1.3.2 进行具体制作

（1）爆炸　爆炸需要强烈的光，猛烈的冲击波使效果更有攻击的力量感。光的爆炸要速度快，引爆效果要大于后面的持续效果；光束大小、长短要错落有致，避免死板（图1-8）。

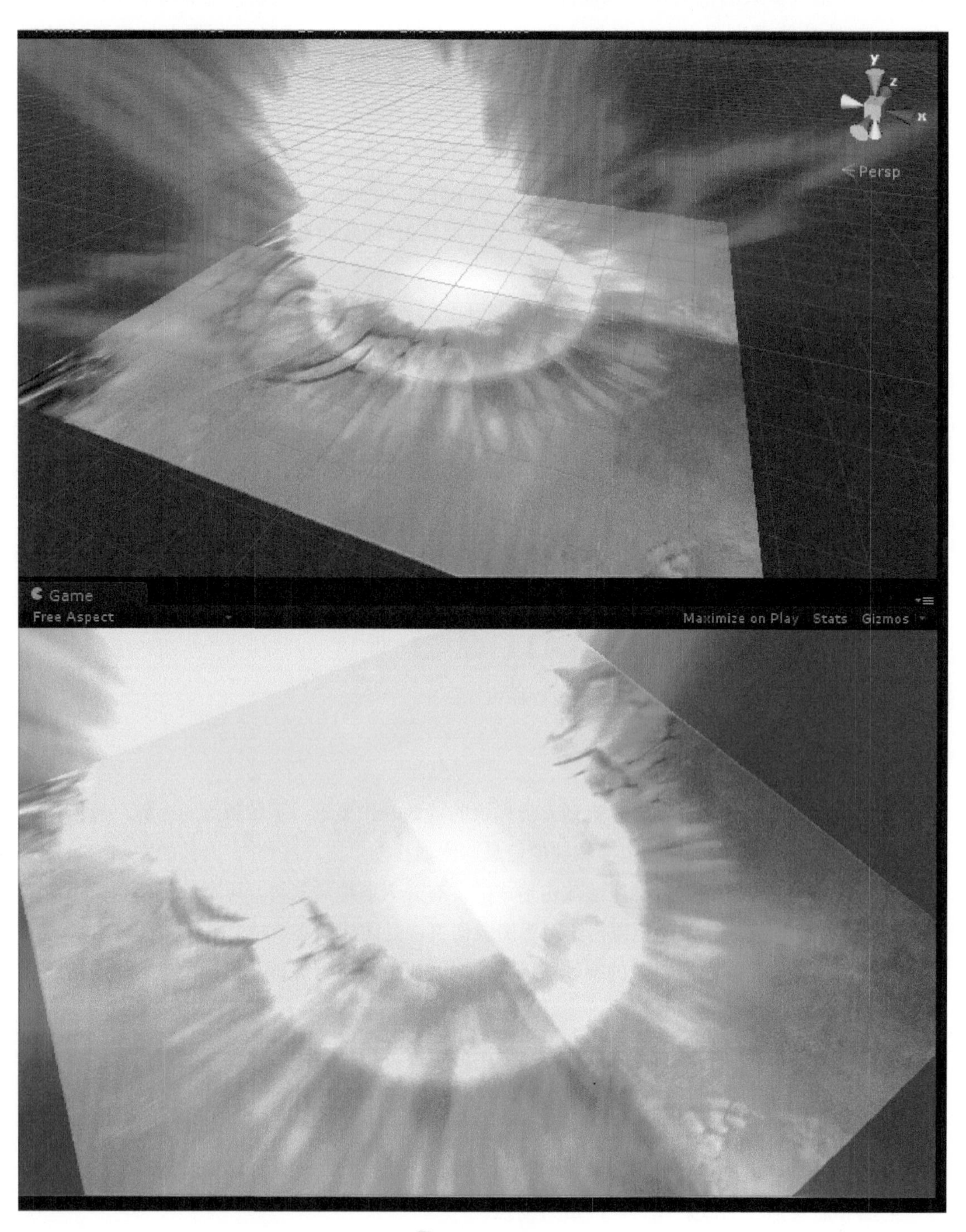

图1-8　爆炸

（2）地裂　地裂效果分为三层：地上的坑、亮度裂纹和流光裂纹。地面的裂纹需要持续一段时间，能量没有释放完而保持了亮度，可以制作动态节奏来避免死板；地裂的能量释放完后，颜色变暗，由内向外消失（图1-9）。

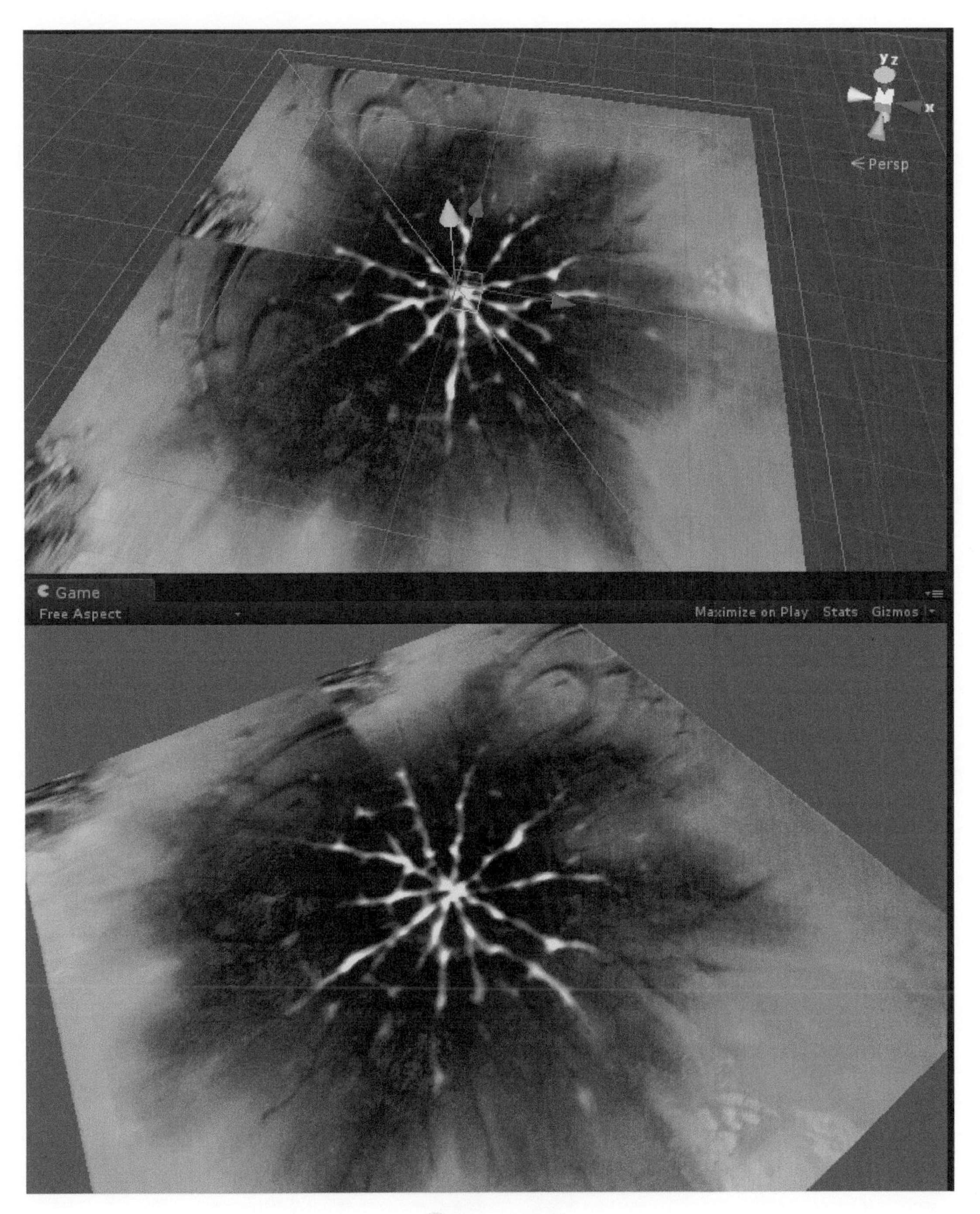

图1-9　地裂

（3）火焰　火焰需要分多层制作，中间部分向上燃烧翻滚，外围部分需要向外迅速扩散；同时产生黑色的烟雾使火焰更具体积感；溅起少量火星，使火焰的动态更自然（图1-10）。

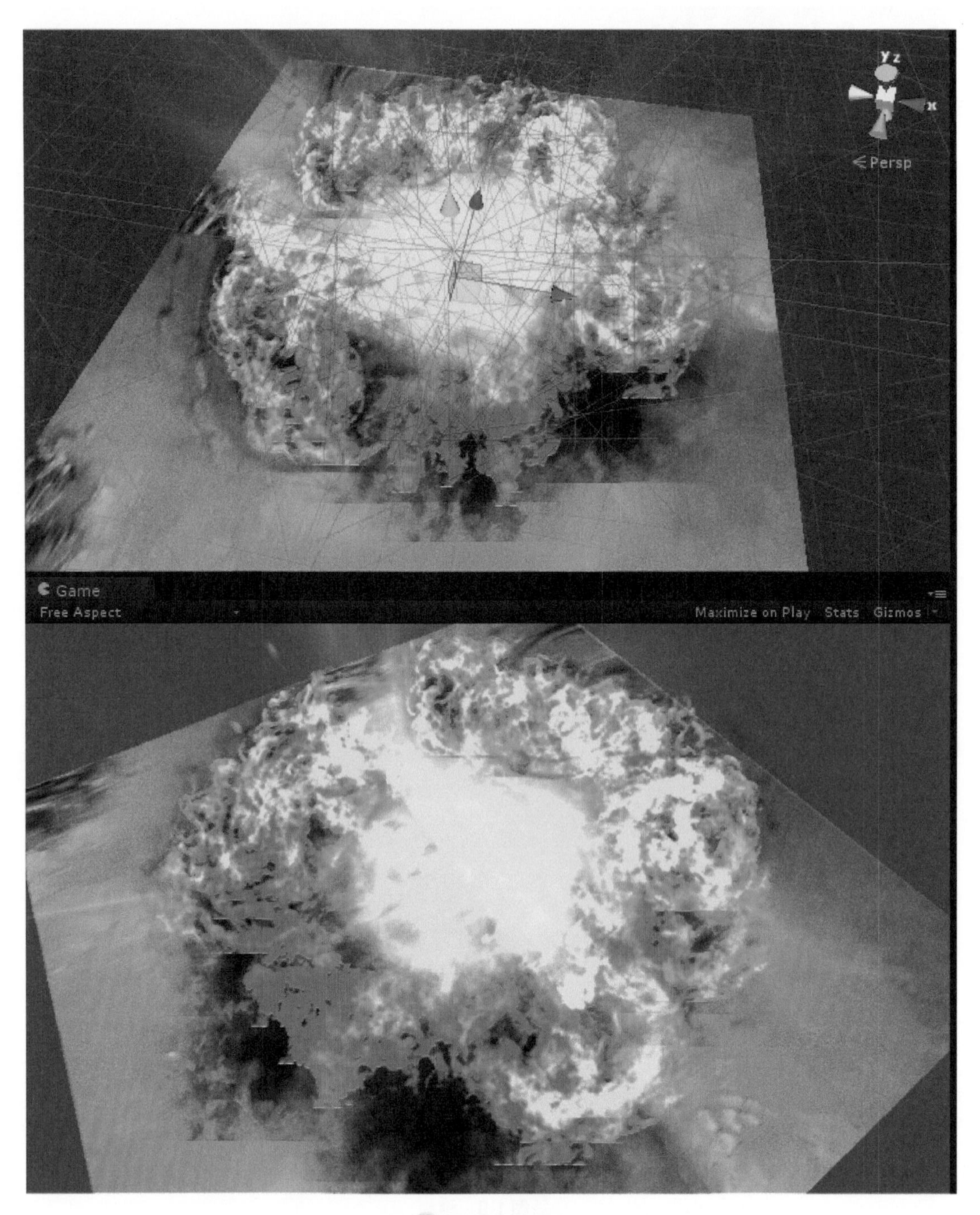

图1-10　火焰

（4）合成及调整　最后将三部分合起来，并调整各个层次的前后次序，完成图如图1-11和图1-12所示。

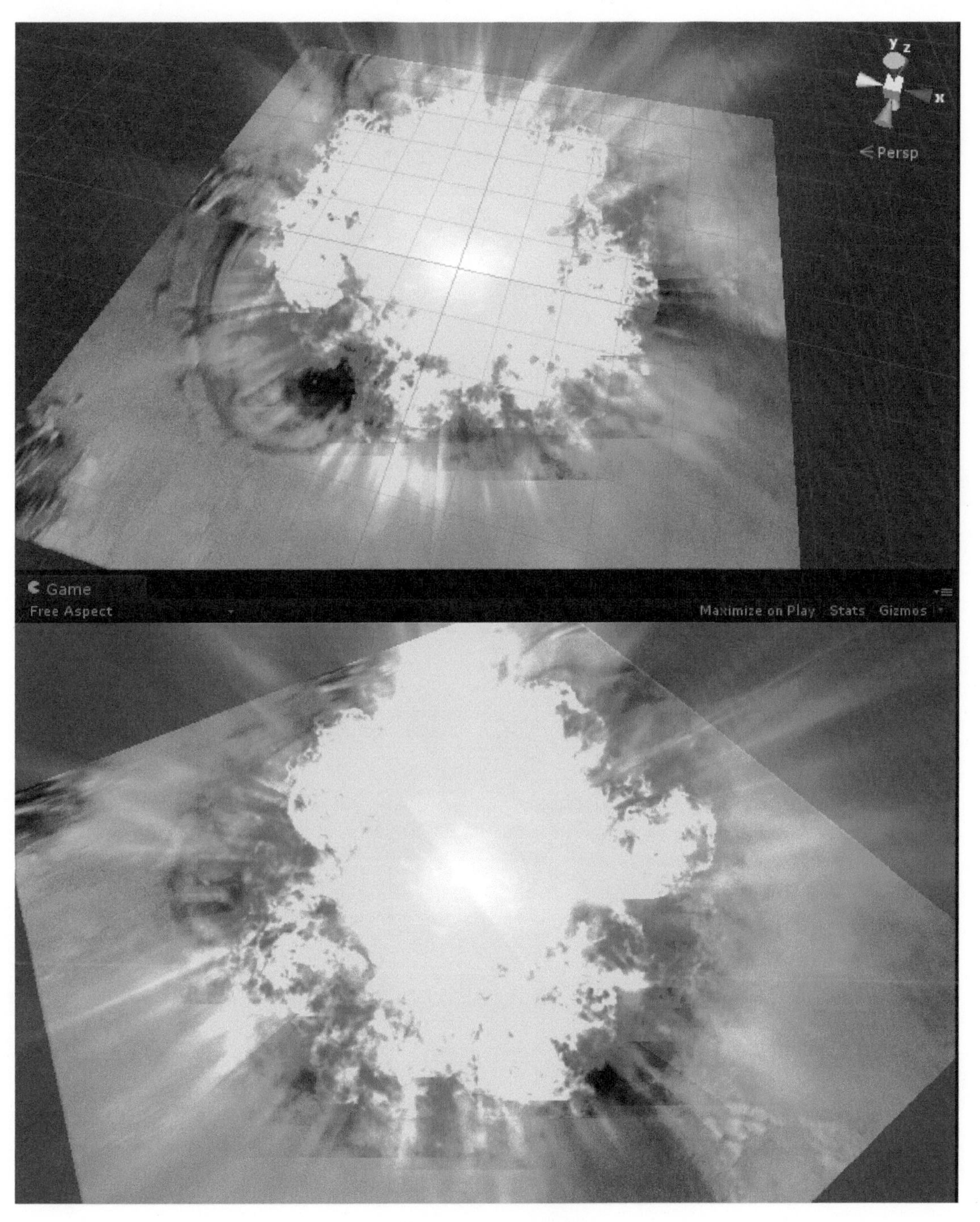

图1-11　合成效果

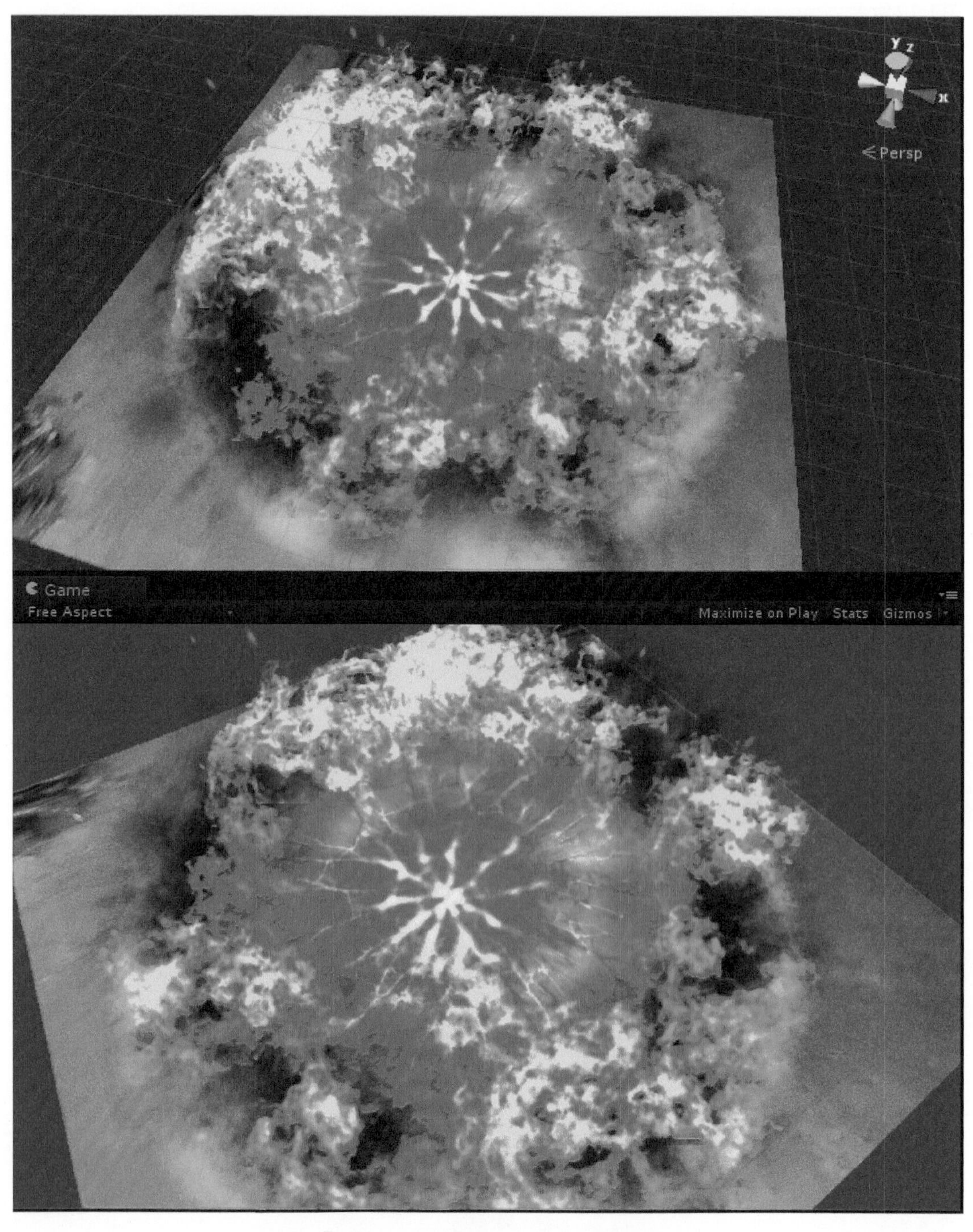

图1-12 调整层次次序以后的效果

第2章 引擎粒子特效系统

Chapter 02

2.1 游戏引擎概述

游戏引擎是电脑游戏或者一些交互式实时图像应用程序的核心组件。引擎如同游戏的心脏，决定着游戏的性能和稳定性，玩家体验到的剧情、关卡、美术、音乐、操作等都是由游戏的引擎直接控制的，它把游戏中的所有元素捆绑在一起，在后台指挥它们同时、有序地工作。

随着游戏的不断发展，如今的游戏引擎已经发展为一套由多个子系统共同构成的复杂系统，从建模、动画到光影、粒子特效，从物理系统、碰撞检测到文件管理、网络特性，还有专业的编辑工具和插件。几乎涵盖了开发过程中的重要环节。下文介绍的Unity引擎就是一款当今游戏开发中应用比较广泛而功能强大的跨平台专业游戏引擎。

Unity3D是由Unity Technologies公司开发的游戏开发工具，作为一款跨平台的游戏开发引擎，它打造了一个完美的游戏开发生态链，用户可以通过它轻松实现各种游戏创意和三维互动开发，创作出精彩的2D和3D游戏内容，然后一键部署到各种游戏平台。使用Unity开发的游戏如《王者之剑》(The Legend of King)、《神庙逃亡2》(Temple Run2)、《武士2：复仇》(Samurai Ⅱ：Vengeance)等（图2-1)。

(a)

图2-1

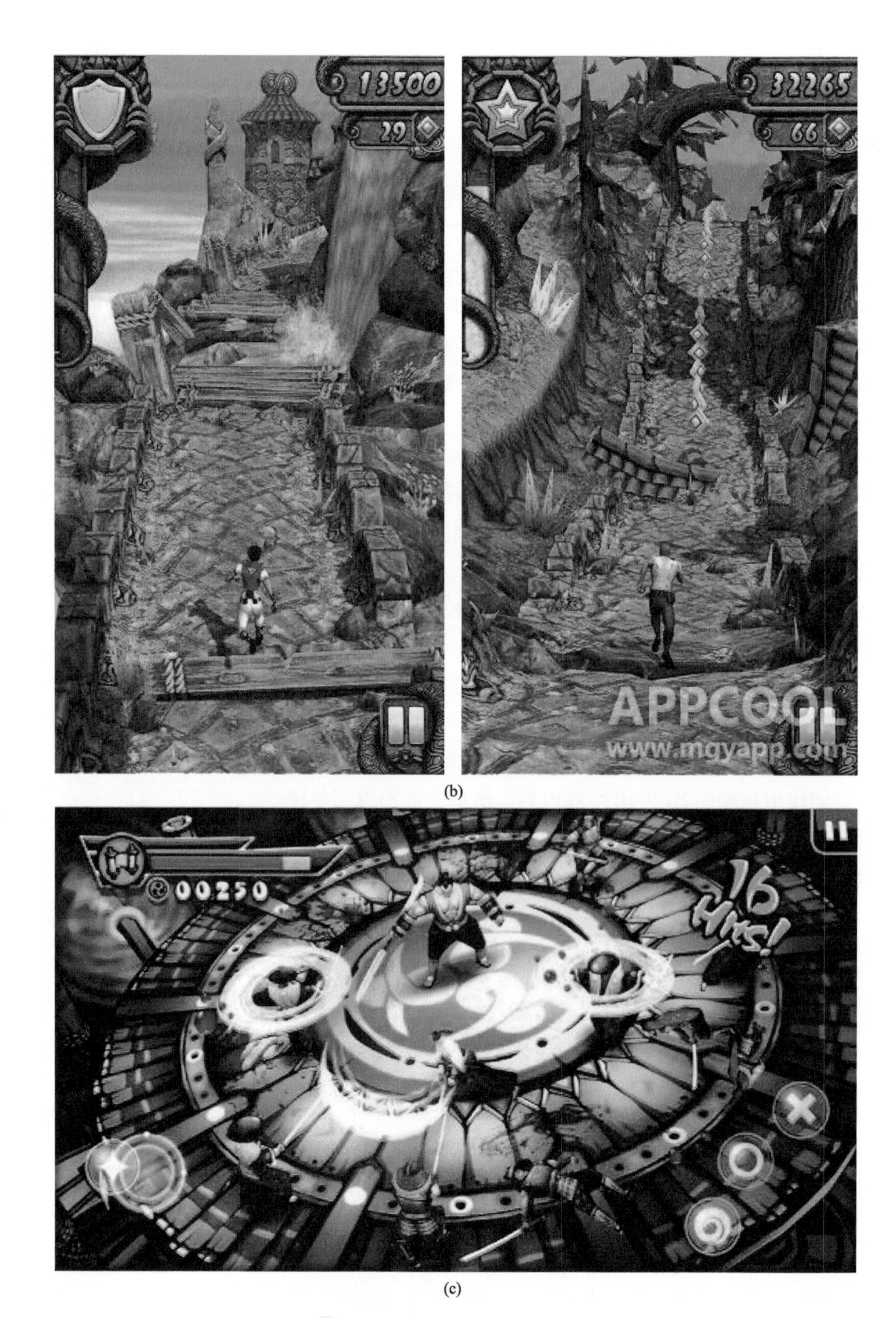

(b)

(c)

图2-1　使用Unity开发的游戏

下面将介绍Unity引擎系统的3D粒子系统。

2.2 Unity3D粒子系统

2.2.1 Unity3D工程创建

Unity提供了功能强大、界面易于使用的编辑器，集成了完备的所见即所得的编辑功能，这里介绍在使用Unity3D制作之前如何创建Unity3D。

（1）启动Unity应用程序。如果是第一次启动，弹出启动界面新建一个工程文件［图2-2（a)］或选择电脑里原有的工程文件［图2-2（b)］；如果不是第一次启动，Unity会自动弹出上一次使用的工程文件，重新创建一个新的工程文件，点击File→New Project...［图2-2（c)］弹出新建工程文件窗口［图2-2（a)］，工程文件是将不同游戏项目区分开。

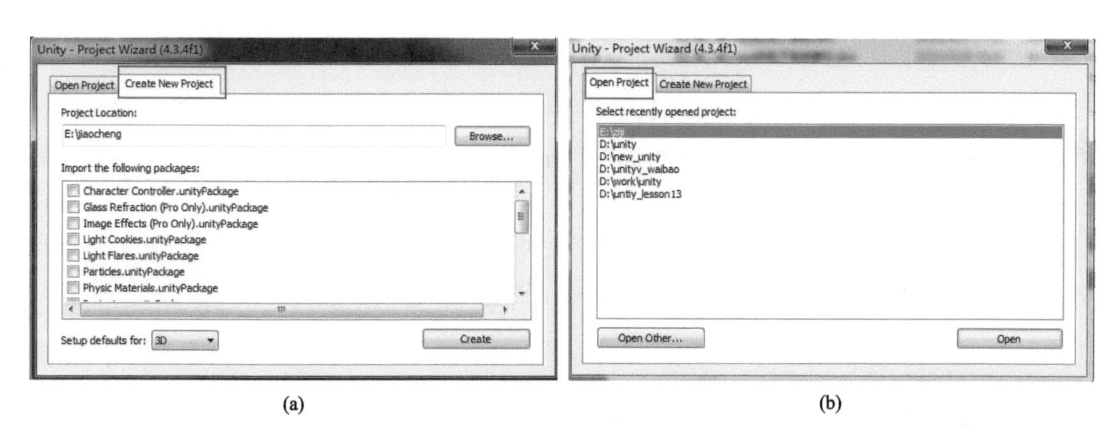

(a)　　(b)

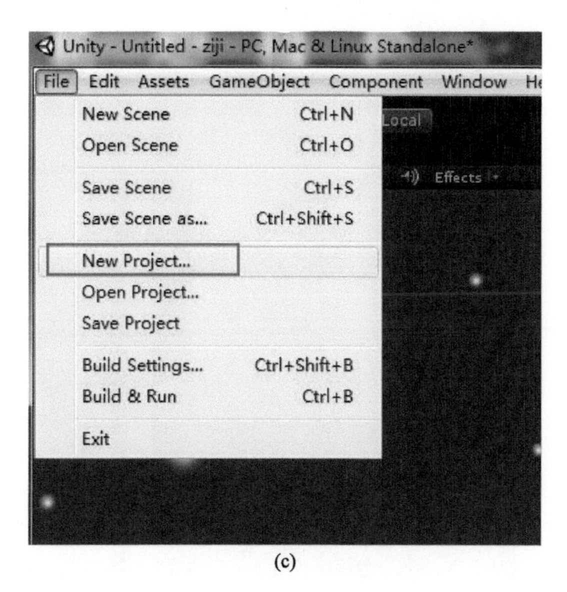

(c)

图2-2　启动Unity应用程序

（2）在一个游戏界面中会有许多不同的场景，需要将制作特效所需的模型、动作、材质、贴图、脚本等放在一个场景中，所以要在工程文件中创建一个新的Scene（场景）。点击File→New Scene创建新的场景文件（图2-3）。

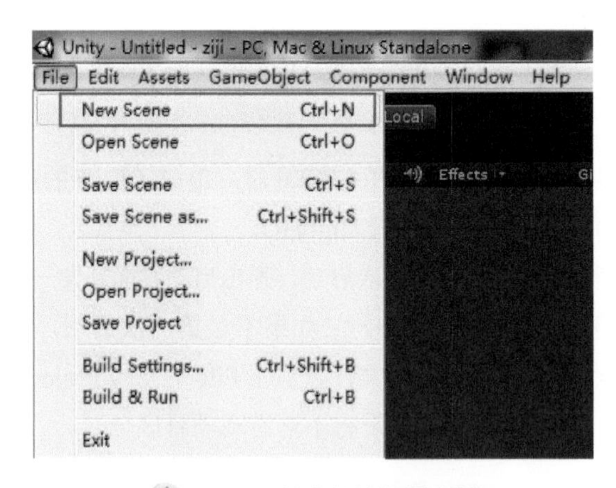

图2-3　创建新的场景文件

（3）Project（项目）视图是整个项目工程的资源汇总，包含了游戏场景中用到的脚本、材质、贴图、模型、动作等所有的资源文件。在Project视图下有一个Assets文件夹，用于存放用户所创建的对象和导入的资源。在Assets上点击鼠标右键弹出功能列表，将鼠标移动到Create（创建）将弹出下一级命令列表，选择Folder（文件夹），创建新的文件夹并命名（图2-4）；或单击Project下方的Create创建新的Folder文件夹（图2-5）。

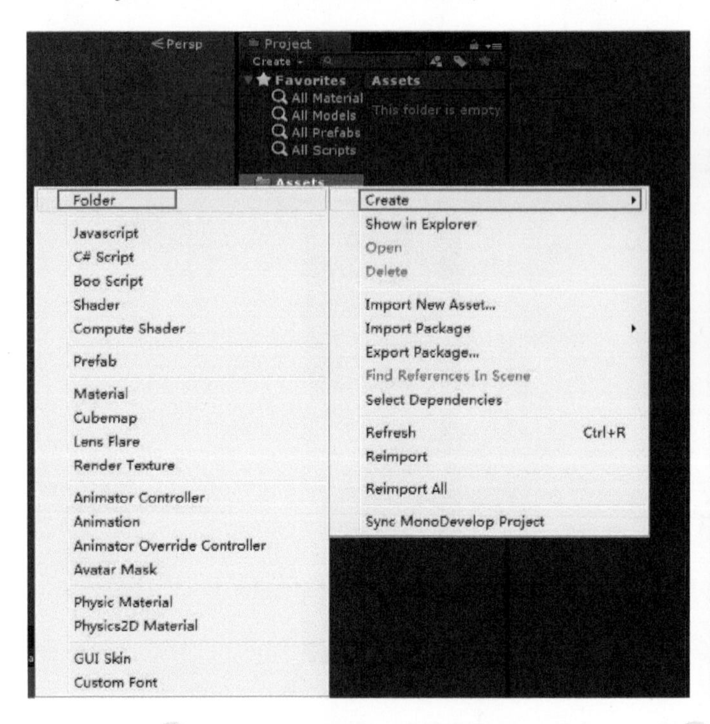

图2-4　创建新的文件夹并命名（一）

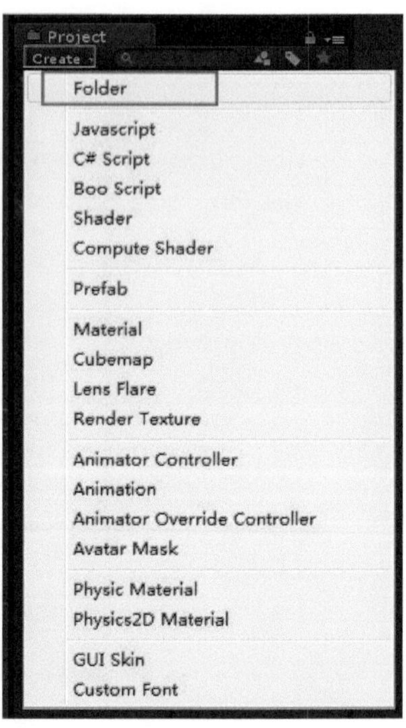

图2-5　创建新的文件夹并命名（二）

（4）选择新建的文件夹，单击右键选择Import New Asset...（导入新资源）将制作特效所需资源导入文件中（图2-6）。

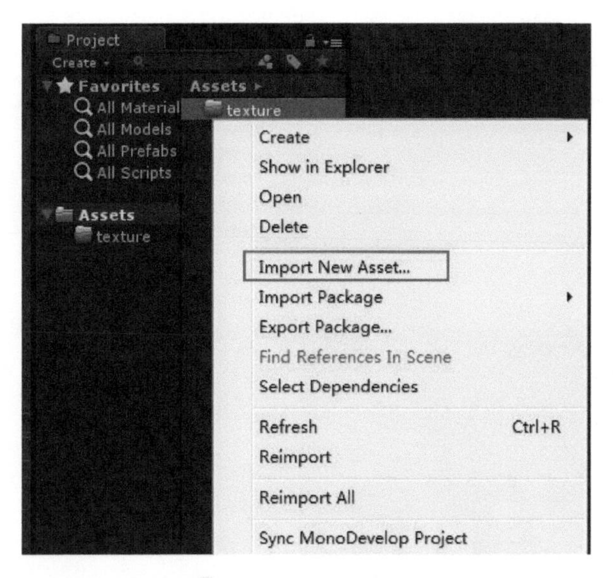

图2-6　导入新资源

2.2.2　Unity3D粒子系统创建

Shuriken粒子系统是Unity3.5版本新推出的粒子系统，它采用模块化管理，个性化的粒子模块配合粒子曲线编辑器使用户更容易创作出各种缤纷复杂的粒子效果。Unity的粒子系统可以制作烟雾、气流、火焰和各种大气效果。在Unity3D引擎中制作粒子特效非常方便。

在学习粒子系统之前，先学习一下如何创建一个粒子对象，创建粒子系统的方法有三种。

① 在Hierarchy视图中点击Create→Particle System菜单项即可在场景中新建一个粒子游戏对象（图2-7和图2-8）。

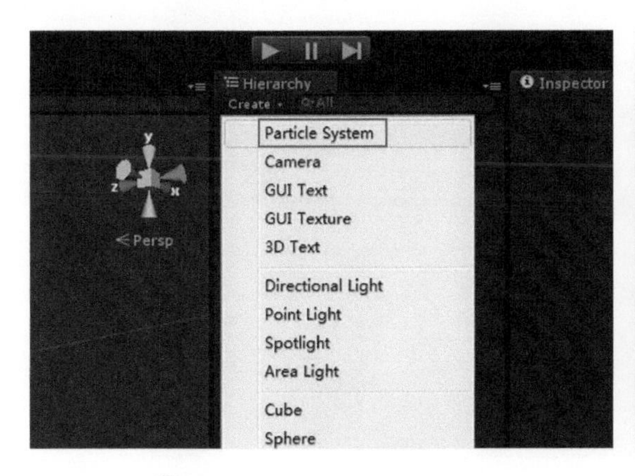

图2-7　在Hierarchy视图中新建一个粒子游戏对象

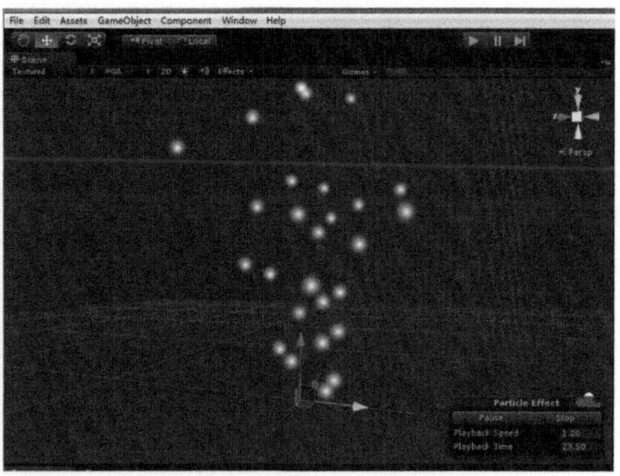

图2-8　新建的粒子游戏对象效果

② 单击菜单栏中GameObject→CreateOther→Particle System项，在场景中新建一个粒子游戏对象（图2-9）。

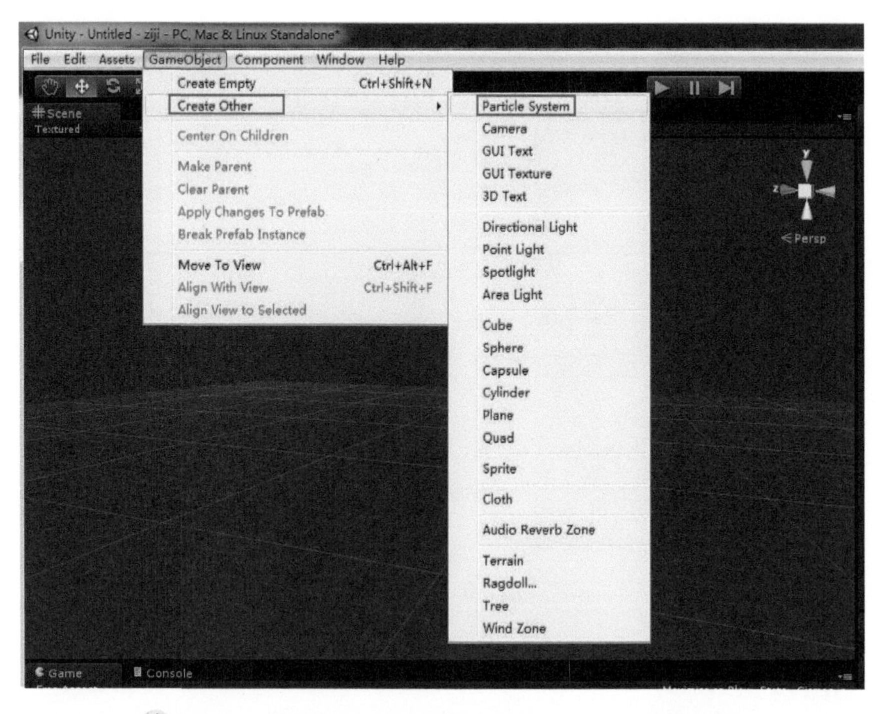

图2-9 通过GameObject菜单栏新建一个粒子游戏对象

③ 打开菜单栏中GameObject→Create Empty选项，先建立一个空物体，然后打开菜单栏中的Component→Effects→Particle System项，为空物体添加粒子系统组件（图2-10）。

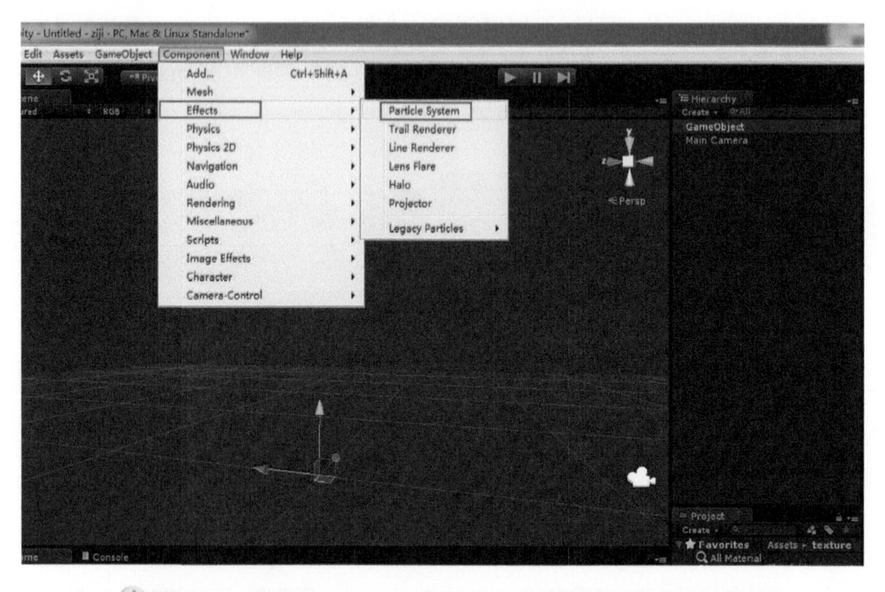

图2-10 通过Component菜单栏为空物体添加粒子系统组件

创建好粒子对象后即可在Scene视图中对该粒子对象进行位置和方向编辑，但不可进行缩放操作。在Hierarchy或者在Scene视图中选择刚刚创建的粒子对象，在Inspector中看到粒子发射器的所有属性。粒子系统的控制面板主要由Inspector视图中的Particle System组件的属性面板及Scene视图中的Particle Effect两个面板组成。Particle System组件的属性面板包括Particle System初始化模块及Emission、Shape等多个模块，每个模块都控制着粒子某一方面的行为特性，属性面板最下面为Particle System Curves粒子曲线（图2-11）。

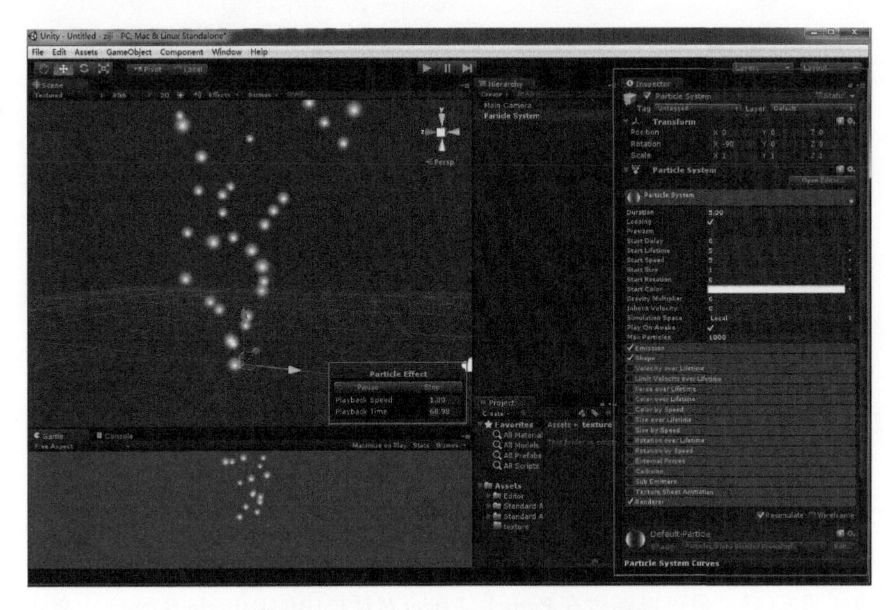

图2-11　Unity 3D粒子系统控制面板

单击Open Editor按钮弹出粒子编辑器对话框，该对话框集成了Particle System属性面板及粒子曲线编辑器，便于对复杂的粒子效果进行管理和调整（图2-12和图2-13）。

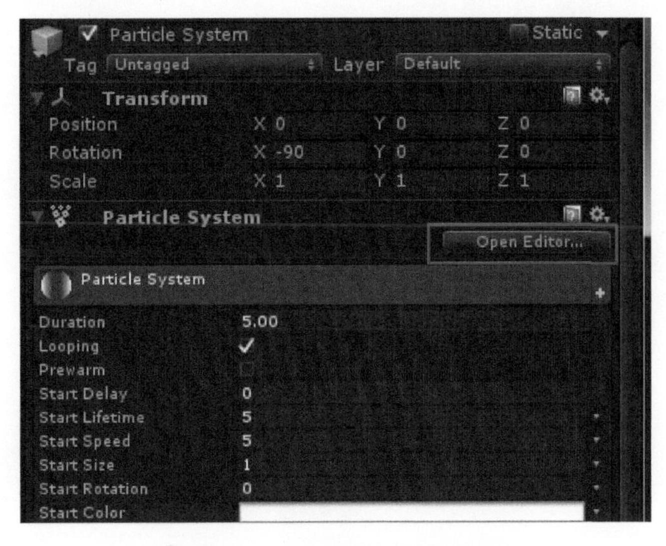

图2-12　粒子系统组件属性面板

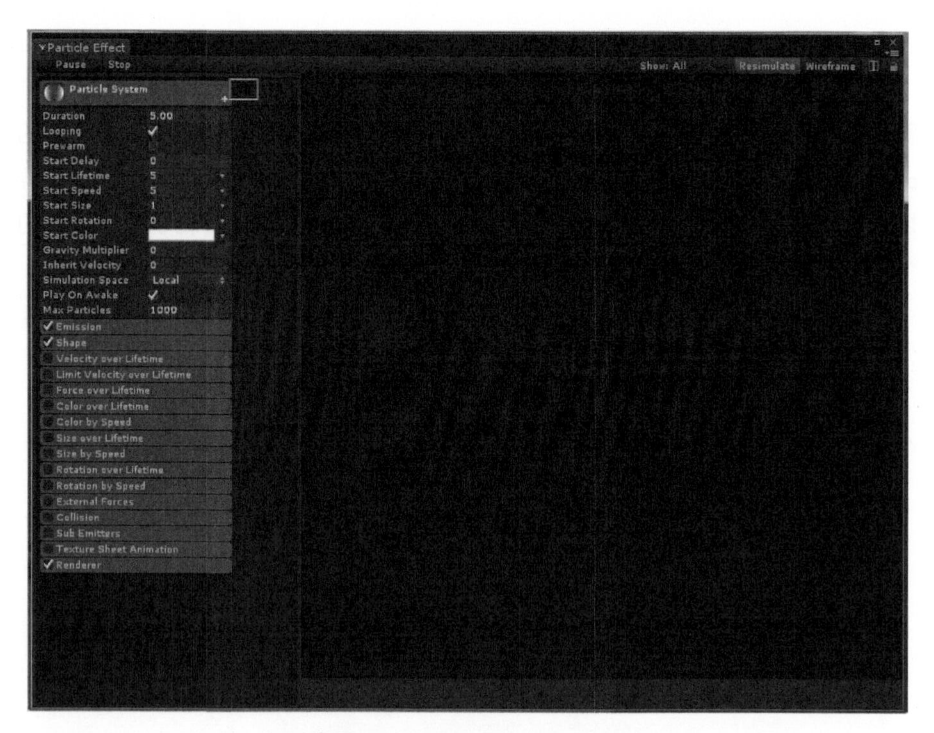

图2-13 粒子编辑器对话框

左侧为粒子编辑器窗口，右侧为曲线编辑器窗口。可以通过点击粒子编辑器右上角的加号来添加粒子发射器，新创建的Particle System 2和Particle System 3是作为Particle System的子物体出现的（图2-14），也可以通过在Particle Effect对话框中的Particle System上单击右键选择

图2-14 添加粒子发射器

“Create Particle System”（创建粒子系统）创建下一等级（图2-15）。

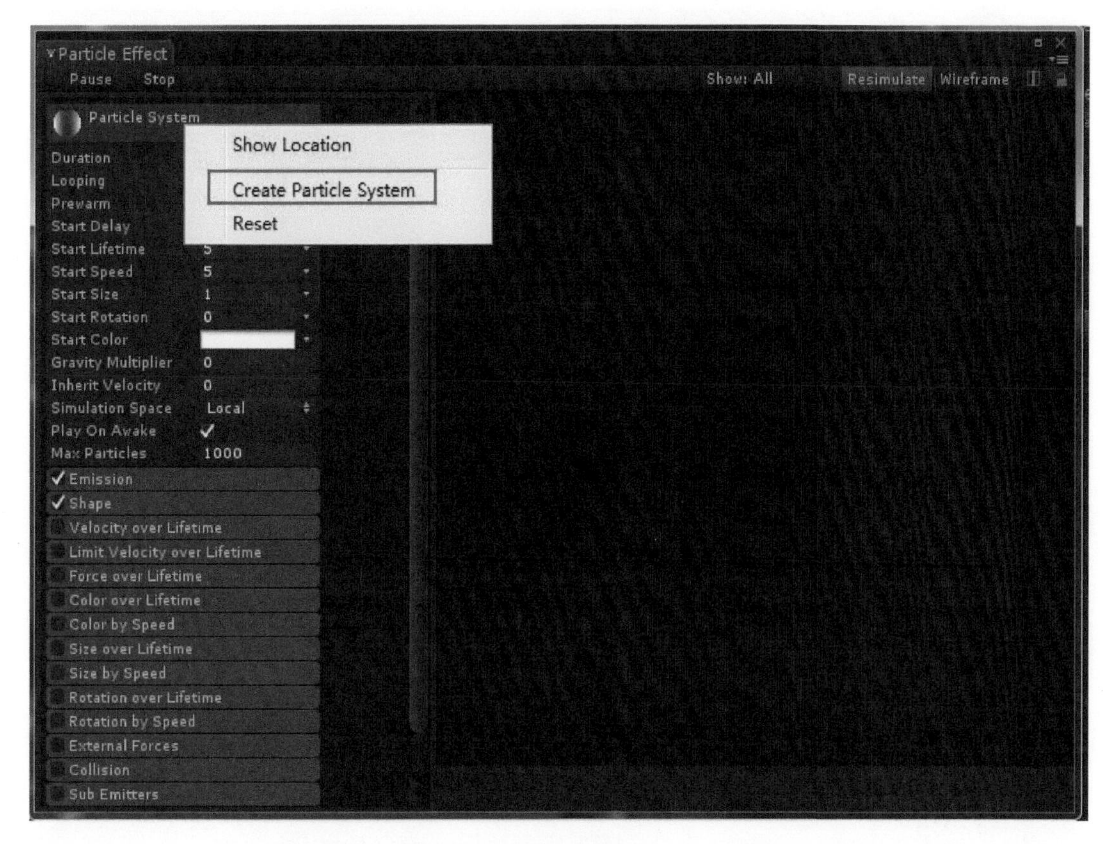

图2-15 通过“Create Particle System”创建下一等级

注

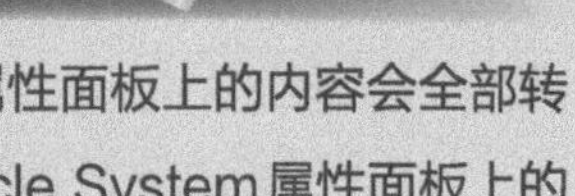

当打开粒子效果编辑器对话框时，Particle System属性面板上的内容会全部转移到粒子编辑器对话框中，关闭粒子编辑器对话框后Particle System属性面板上的内容会恢复原样。

粒子系统由一系列预先设定的粒子模块组成，这些模块可设定为是否被使用，它们在一个单独的粒子系统中用来描述粒子的行为特征。初始时只有部分的模块是开启的，单击Particle System模块标签右侧的加号按钮会弹出粒子模块列表，单击黑色字体显示的模型名称可以添加相应的模块（图2-16），灰色显示的为目前已添加的模块，黑色为未添加的模块，单击下面“Show All Modules”可将所有模块显示在Particle System组件的属性面板（图2-17）。

粒子创建时，多数模块没有被激活，即粒子没有受到模块的效果控制，点击各模块左侧复选框，可以激活/关闭模块的效果（图2-18）。

图2-16　添加粒子模块按钮

图2-17　显示所有模块选项

图2-18　激活/关闭模块效果的复选框

2.2.3　Unity3D粒子基本属性参数

2.2.3.1　Initial Module（初始化模块）

Initial Module粒子系统初始化模块，此模块为固有模块，无法将其删除或禁用，该模块定义了粒子初始化时的持续时间、循环方式、发射速度、大小等一系列基本参数（图2-19）。

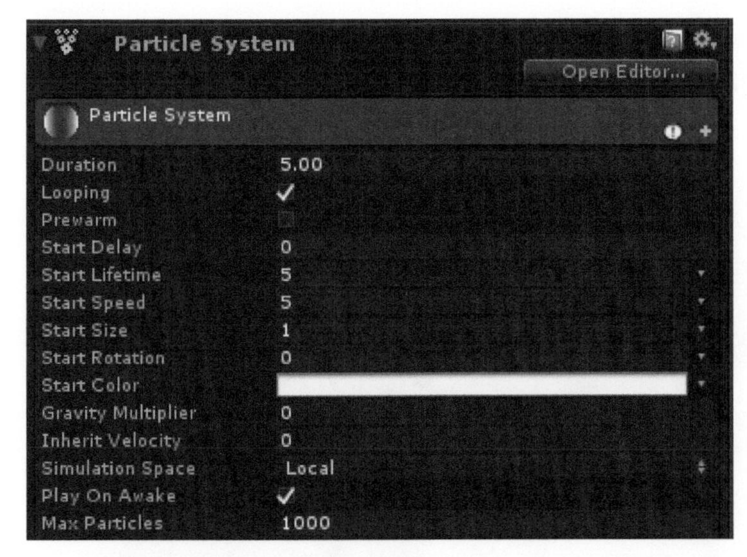

图2-19　初始化模块

参数名称及含义如表2-1所示。

表2-1　初始化模块参数名称及含义

参数名称	含义
Duration（持续时间）	粒子系统发射粒子的持续时间，如果开启了粒子循环，则持续时间为粒子一整次的循环时间
Looping（循环）	粒子系统是否循环播放
Prewarm（预热）	若开启粒子预热则粒子系统在游戏运行初始时就已经发射粒子，看起来就像它已经发射了一个粒子周期一样，只有在开启粒子系统循环播放的情况下才能开启此项
Start Delay（初始延迟）	游戏运行后延迟多少秒后才开始发射粒子，在开启粒子预热时无法使用此项
Start Lifetime（生命周期）	粒子的存活时间（单位/s），粒子从发射后至生命周期为0时消亡
Start Speed（初始速度）	粒子发射时的速度
Start Size（初始大小）	粒子发射时的初始大小
Start Rotation（初始旋转）	粒子发射时的旋转角度
Start Color（初始颜色）	粒子发射时的初始颜色
Gravity Multiplier（重力倍增系数）	修改重力值会影响粒子发射时所受重力影响的状态，数值越大重力对粒子的影响越大
Inherit Velocity（速度继承）	对于运动中的粒子系统，将其移动速率应用到新生成的粒子速率上
Simulation Space（模拟坐标系）	粒子系统的坐标是在世界坐标系还是自身坐标系
Play On Awake（唤醒时播放）	开启此选项，系统在游戏开始时将会自动播放粒子，但不影响Start Delay（初始延迟）的效果
Max Particles（最大粒子数）	粒子系统发射粒子的最大数量，当达到最大粒子数量时发射器将暂时停止发射粒子

单击Start Lifetime（生命周期）、Start Speed（初始速度）、Start Size（初始大小）、Start Rotation（初始旋转）属性右侧的下三角按钮，会弹出选项列表，可以进一步设定所需的数值（图2-20和图2-21）。

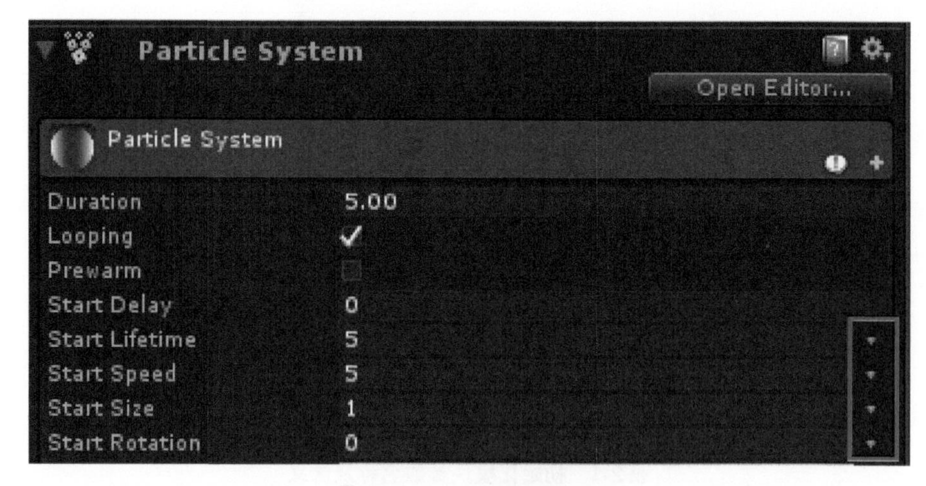

图2-20　属性选择按钮

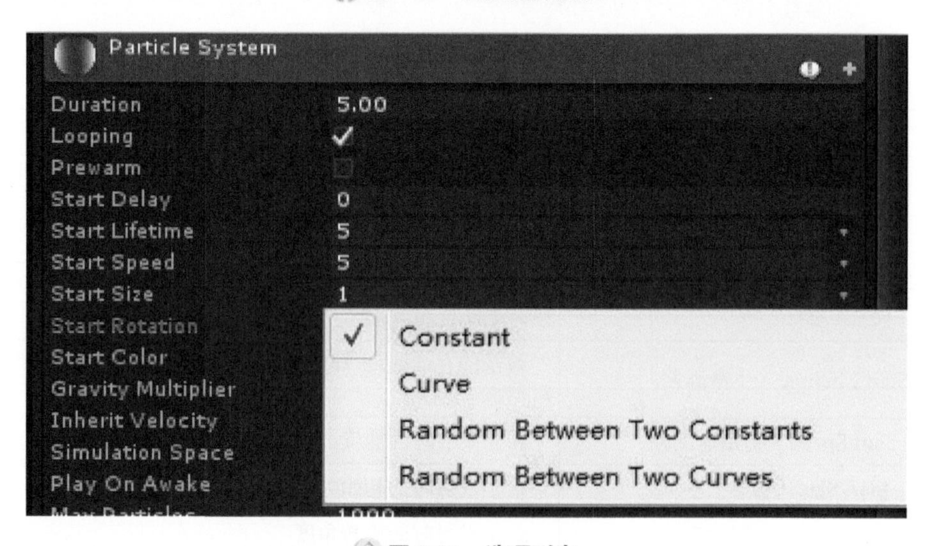

图2-21　选项列表

以Start Lifetime（生命周期）参数为例：

（1）Constant（恒量）　数值为一个具体的常量值，不会随时间变化而变化（图2-22）。

图2-22　生命周期数值设定（恒量）

（2）Curve（曲线）　数值随时间沿一条曲线变化，在曲线编辑器中设定数值（图2-23）。

（3）Random Between Two Constants（两恒量中的随机值）　在两个所设定的常量值之间随机选择（图2-24）。

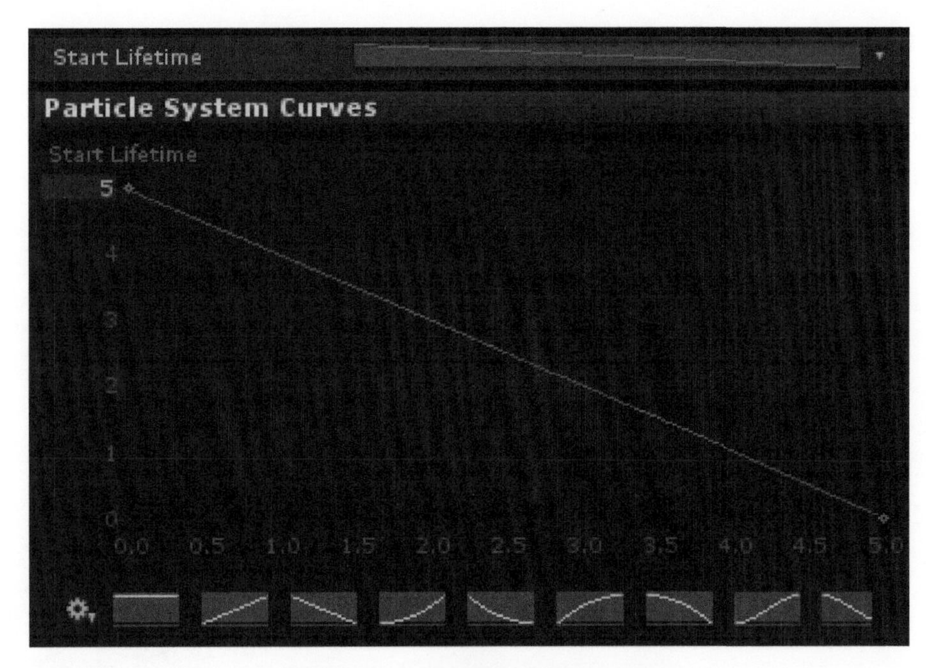

图2-23　生命周期数值设定（曲线）

图2-24　生命周期数值设定（两恒量中的随机值）

（4）Random Between Two Curves（两曲线中的随机值）　在曲线编辑器中两条曲线之间的范围内随机选择数值，数值将沿着这条曲线区间随时间变化（图2-25）。

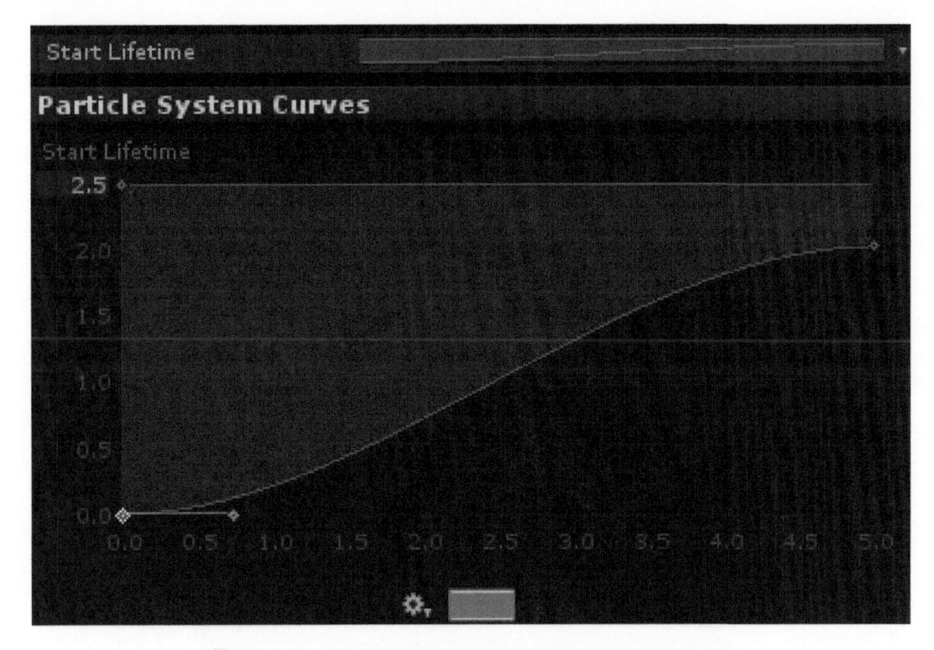

图2-25　生命周期数值设定（两曲线中的随机值）

单击Start Color（初始颜色）参数属性右侧的下三角按钮，会弹出选项列表，可进一步设定所需要的颜色（图2-26）。

（1）Color（颜色） 使用纯色。单击颜色条会弹出拾色器，可选择所需的颜色（图2-27和图2-28）。

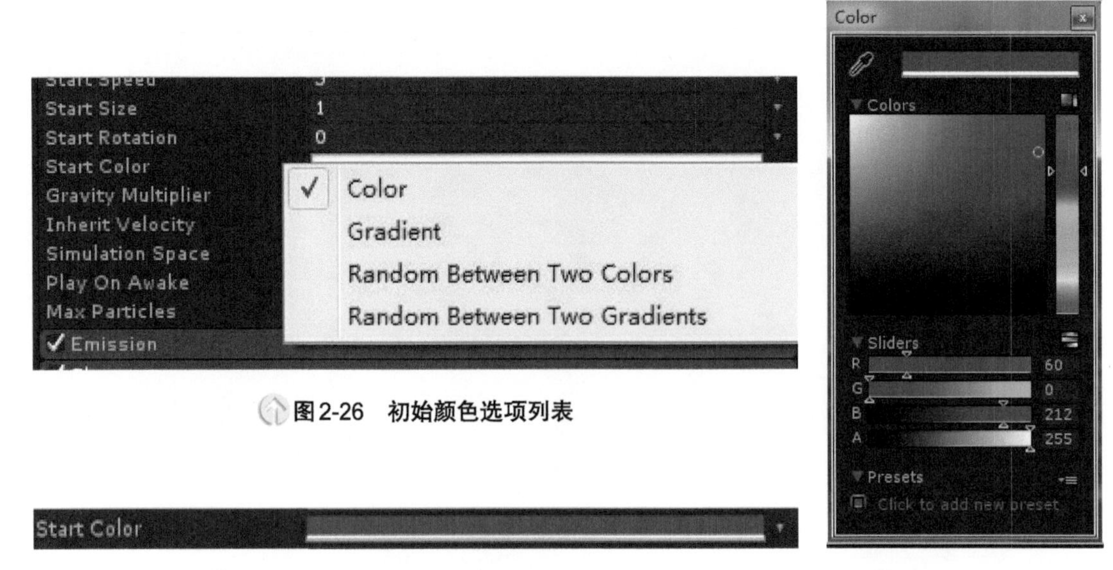

图2-26 初始颜色选项列表

图2-27 初始颜色设定［颜色（纯色）］

图2-28 拾色器

（2）Gradient（渐变） 使用渐变颜色，依据此渐变色对生成粒子的颜色进行赋值。单击颜色条会弹出渐变编辑器，可编辑渐变颜色（图2-29和图2-30）。

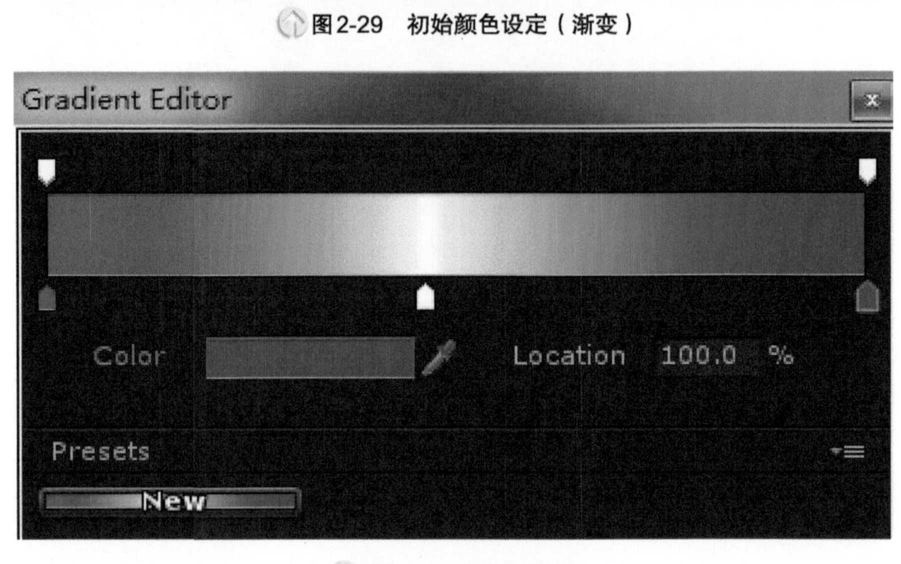

图2-29 初始颜色设定（渐变）

图2-30 渐变编辑器

在渐变条底部为颜色标记，在标记被选择的情况下双击该标记或单击下方的颜色条均可设置该标记处的颜色值，单击渐变条下部附近的位置可增加颜色标记，这些颜色标记可在时间线上左右拖动进行定位。

在渐变条上部为透明标记，拖动在最下方Alpha透明度滑竿或将颜色标记的颜色值设定为黑色均可设置该标记处的透明度值，Alpha值等于0时为完全透明，Alpha值等于255时为完全不透明。单击渐变条上部附近的位置可增加透明度标记，这些透明度标记均可在时间线上左右拖动进行定位，也可在渐变条最下方的Location（位置）后输入0 ～ 100的数值，调整百分比来调整透明标记相应的位置。

（3）Random Between Two Colors（两颜色之间随机） 在两个指定的颜色中随机选择并随时间变化（图2-31）。

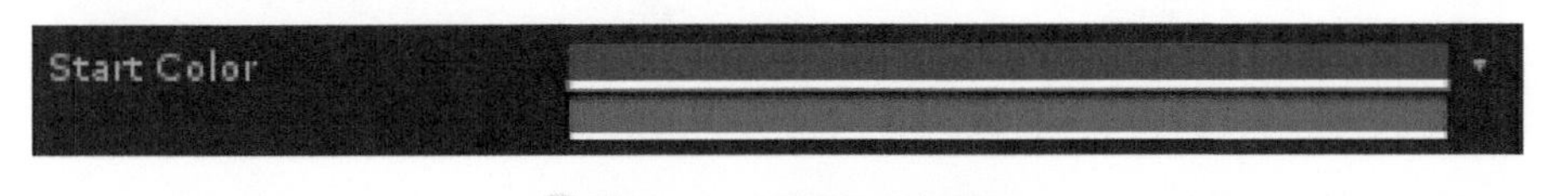

图2-31 两颜色之间随机

（4）Random Between Two Gradients（两渐变色之间随机） 在两种渐变颜色间随机选择并随时间变化（图2-32）。

图2-32 两渐变色之间随机

单击Simulation Space（模拟坐标系）选项右侧的下三角按钮，会弹出选项列表，可选择世界（World）坐标系或本地（Local）坐标系（图2-33）。

图2-33 模拟坐标系选项列表

2.2.3.2 Emission Module（发射模块）

发射模块控制粒子发射的速率。在粒子的持续时间内，可实现在某个特定的时间生成大量粒子的效果，这对于在模拟爆炸效果需要产生一大堆粒子的时候非常有用（图2-34）。

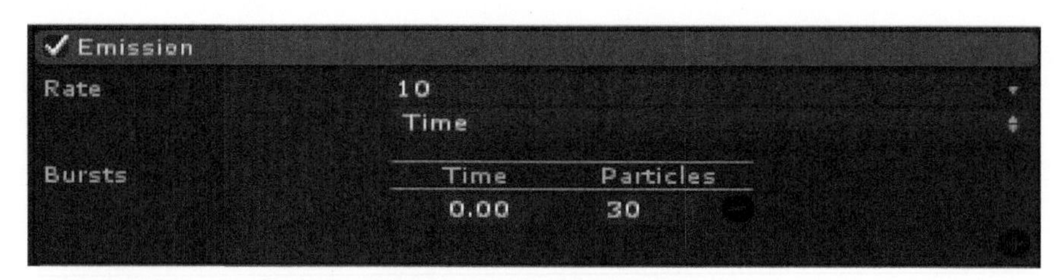

图2-34 发射模块设定

（1）Rate（发射速率） 每秒或每个距离单位所发射的粒子个数。单击右侧上面的下三角按钮可以选择发射数量由一个常数（Constant）还是由粒子曲线（Curve）控制（图2-35）；单击右侧下面的下三角按钮可以选择粒子的发射速率是按时间（Time）变化还是按距离（Distance）变化（图2-36）。

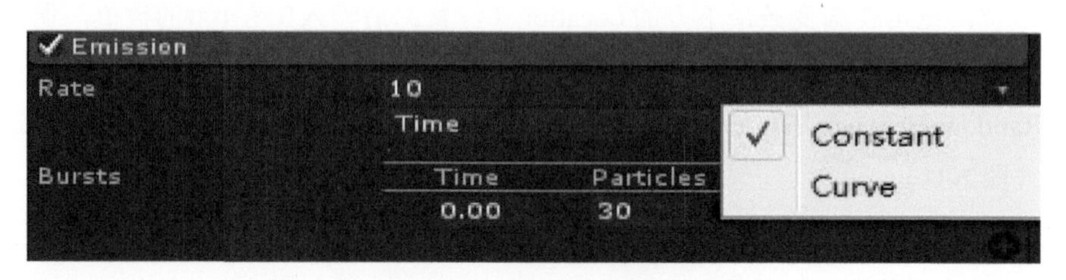

图2-35 发射速率的数量选项

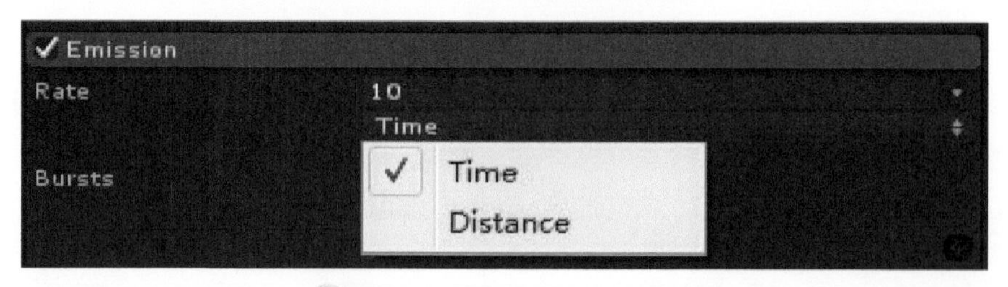

图2-36 发射速率的变化选项

（2）Bursts（粒子爆发） 在粒子持续时间内的制定时刻额外增加大量粒子，此选项只在粒子速率变化方式为时间（Time）变化的时候才会出现。设定指定时间点的粒子数量：单击右侧的加号按钮可增加一个爆发点，Time（时间）一列为设定的爆发点，Particles（粒子）一列为到达该爆发点时生成的粒子数量，注意爆发点的最大值不会超过粒子的持续时间，即初始化模块中的Duration（持续时间）值（图2-37），最多可以增加四个爆发点。单击减号按钮可以删除当前的爆发点，灵活运用此项可模拟爆炸时在特定时间点生成大量粒子的效果。

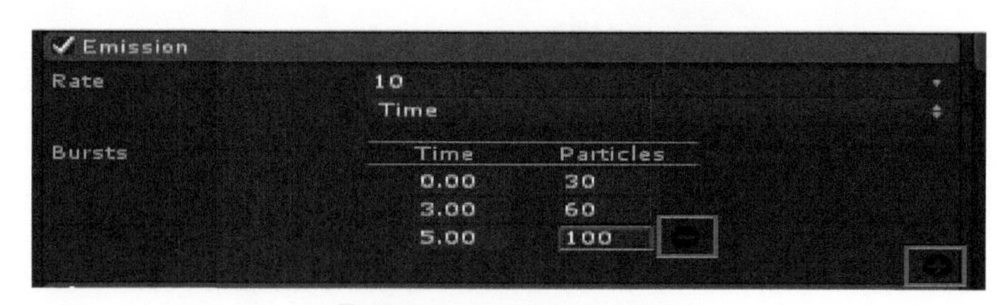

图2-37 粒子爆发功能设定

2.2.3.3　Shape Module（形状模块）

形状模块定义了粒子发射器的形状，可提供沿着该形状表面法线或随机方向的初始力，并控制粒子的发射位置及方向（图2-38）。

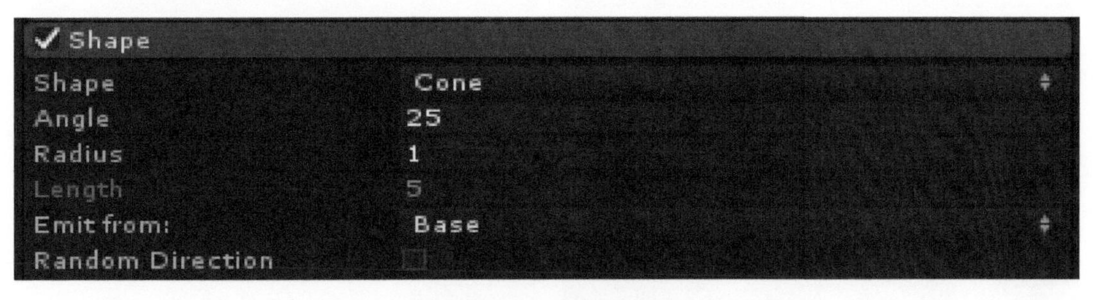

图2-38　形状模块设定

Shape（形状）　粒子发射器的形状，不同形状的发射器发射粒子初始速度的方向不同，每种发射器下面对应的参数也有相应的差别。单击右侧的下三角按钮可弹出发射器形状的选项列表（图2-39）。

（1）Sphere（球形发射器）　Sphere发射器参数列表及发射效果如图2-40和图2-41所示。

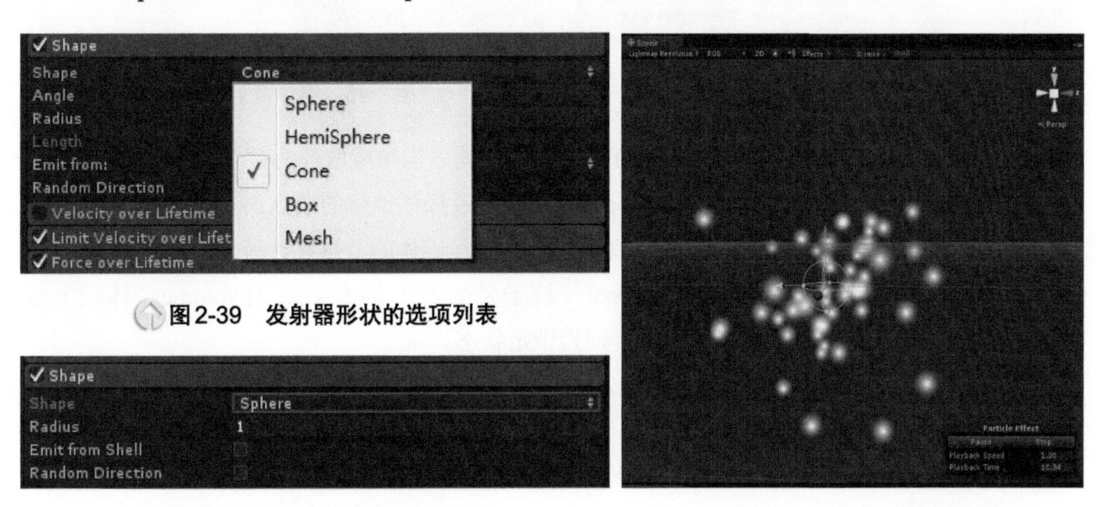

图2-39　发射器形状的选项列表

图2-40　球形发射器参数列表

图2-41　球形发射器发射效果

① Radius：球体的半径，可在Scene视图中通过操作球体的节点调整半径值。

② Emit from Shell：从外壳发射粒子。若勾选则将从球体的外壳处发射粒子，否则将从球体内部发射粒子。

③ Random Direction：粒子方向，开启或关闭该选项可使粒子沿随机方向或者沿球体表面的法线方向发射。

（2）HemiSphere（半球发射器）　HemiSphere发射器中Radius、Emit from Shell和Random Direction这三个参数的意义及作用同Sphere发射器（图2-42和图2-43）。

（3）Cone（锥体发射器）　Cone发射器参数列表及发射效果如图2-44和图2-45所示。

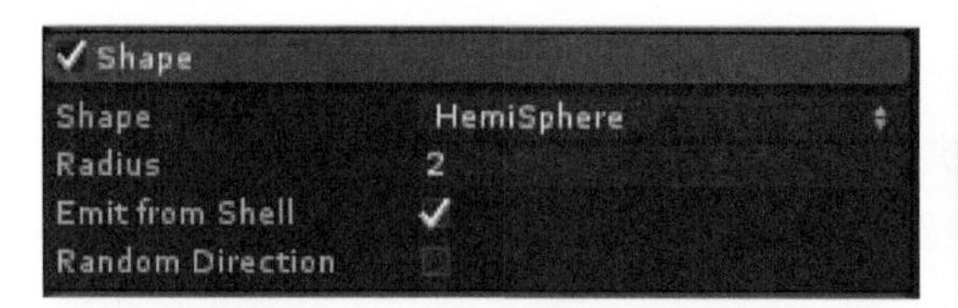

图2-42　半球发射器参数列表

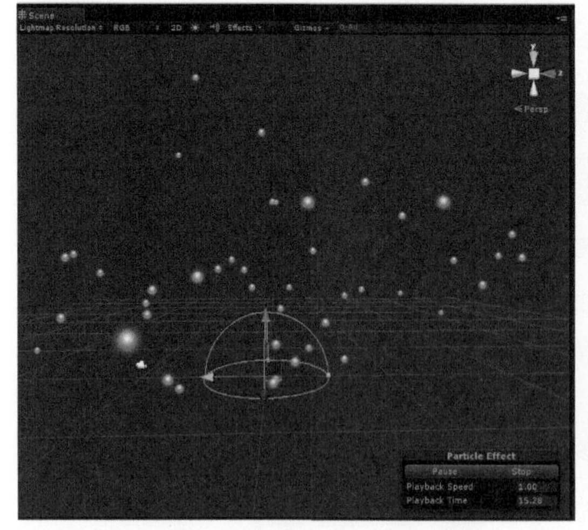

图2-43　半球发射器发射效果

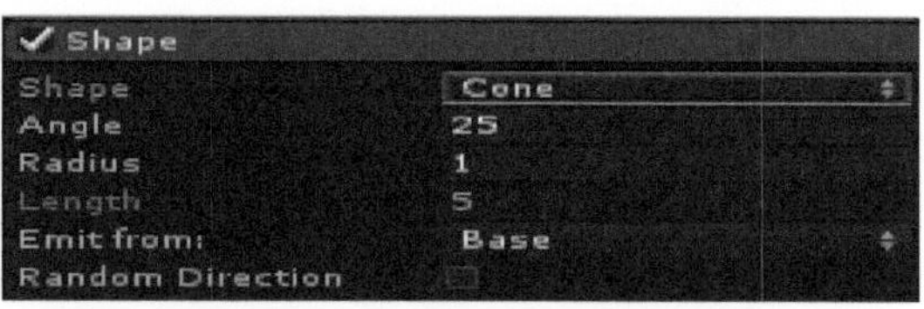

图2-44　锥体发射器参数列表

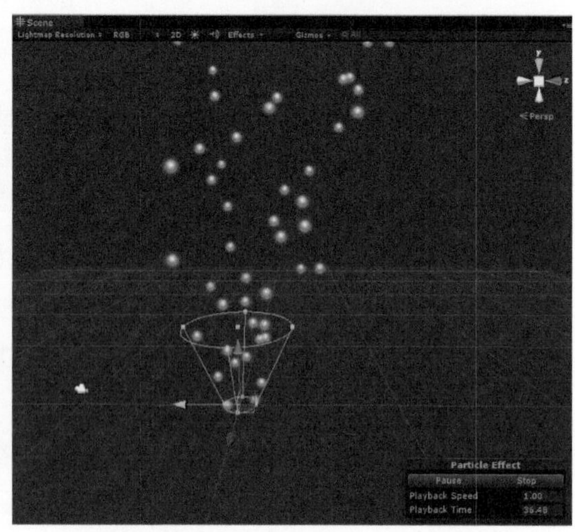

图2-45　锥体发射器发射效果

① Angle：锥体的角度，取值范围是0°～90°之间。当角度取值为0°时，锥体变为圆柱体，此时粒子将沿一个方向发射，可在Scene视图中通过操作锥体的节点调整角度值。

② Radius：锥体的半径，可在Scene视图中通过操作锥体的节点进行调节。

③ Length：锥体的长度，当Emit From（粒子发射源）的参数值为Volume（体积）或Volume Shell（体积表面）时此值可调，否则为锁定状态。

④ Emit From：粒子的发射源，单击右侧的下三角按钮弹出选项列表，有Base（基础）、Base Shell（基础表面）、Volume（体积）、Volume Shell（体积表面）四个选项（图2-46）。

● Base：粒子的发射源在锥体内部的底面上，在锥体内部由底面开始发射，此时Length（长度）参数不可调。

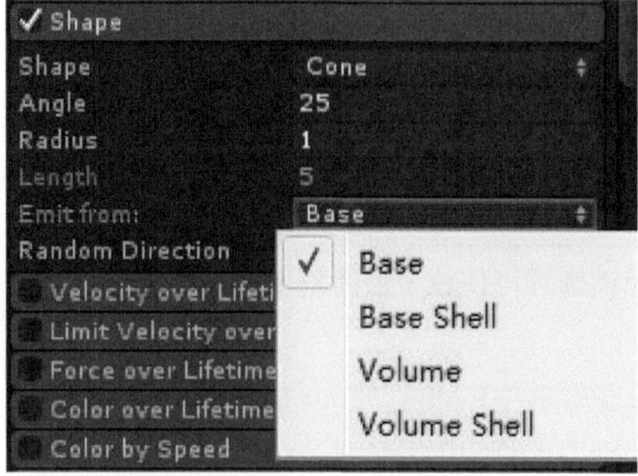

图2-46　粒子的发射源选项列表

● Base Shell：粒子的发射源在锥体外部的底面上，在锥体外部沿外表面发射，此时Length（长度）参数不可调。

● Volume：粒子的发射源在锥体的整个内部空间，从锥体内部向外发射，此时Length（长度）参数可调。

● Volume Shell：粒子的发射源在锥体的整个外表面，沿着锥体外表面向外发射，此时Length（长度）参数可调。

⑤ Random Direction：粒子发射随机方向，勾选时粒子沿着随机方向发射，不勾选时粒子将沿锥体方向发射。

（4）Box（立方体发射器）　Box发射器参数列表及发射效果如图2-47和图2-48所示。

① Box X/Y/Z：立方体发射器在X/Y/Z轴方向上的缩放值。

这三个缩放值也可在Scene视图中通过操作立方体的各方向上的节点分别调节。

② Random Direction：粒子发射随机方向，勾选时粒子沿着随机方向发射，不勾选时粒子将沿Z轴方向发射。

（5）Mesh（网格发射器）　Mesh发射器参数列表及发射效果如图2-49和图2-50所示。

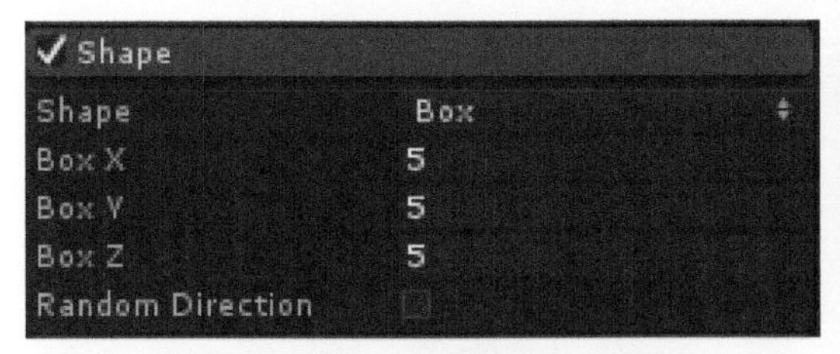

图2-47　立方体发射器参数列表

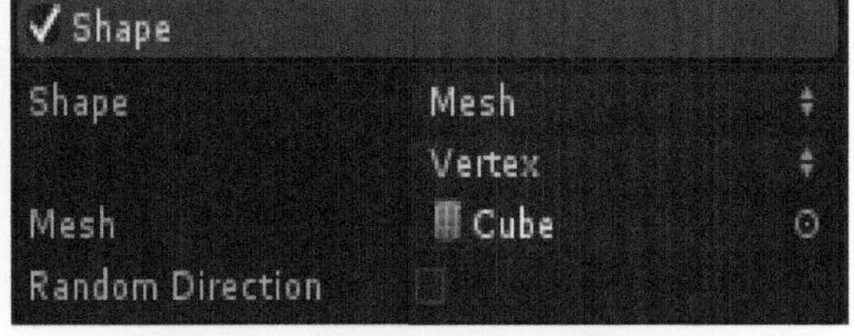

图2-49　网格发射器参数列表

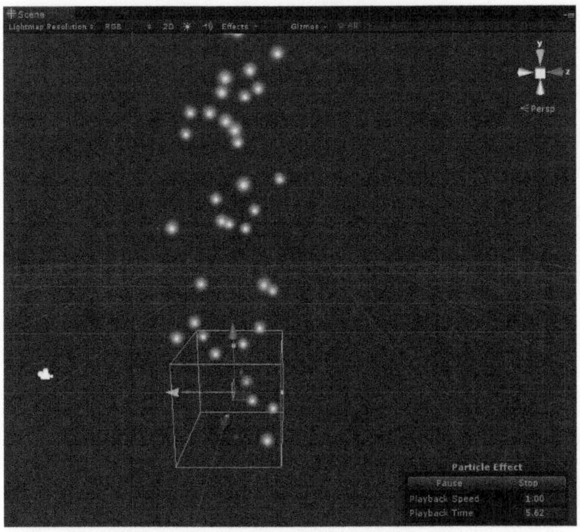

图2-48　立方体发射器发射效果

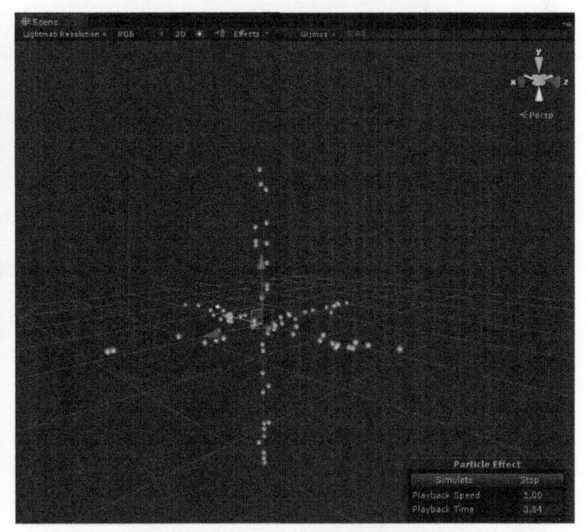

图2-50　网格发射器发射效果

① Shape：网格发射器类型。

- Vertex：粒子将从网格的顶点发射（图2-51）。
- Edge：粒子将从网格的边缘发射。
- Triangle：粒子将从网格的三角面发射。

② Mesh：单击右侧的圆圈按钮会弹出网格选择对话框，选择不同的网格类型（图2-52）。

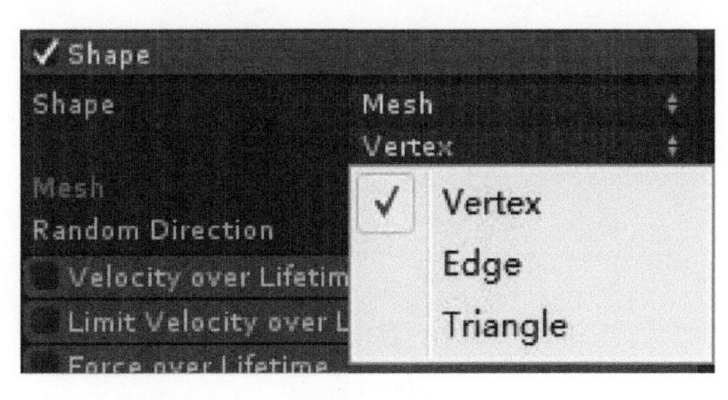

图2-51　网格发射器发射类型选项

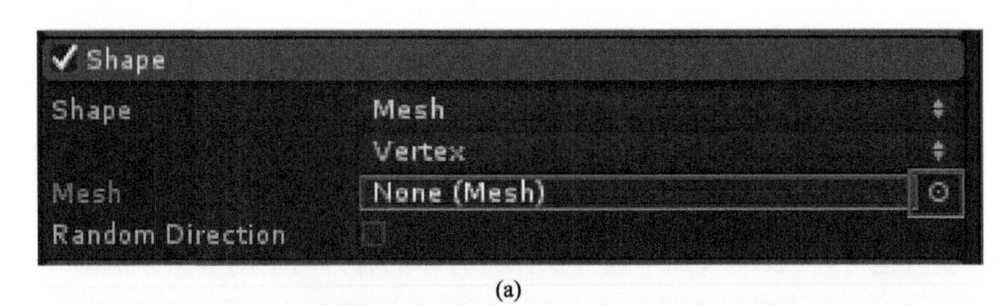

(a)

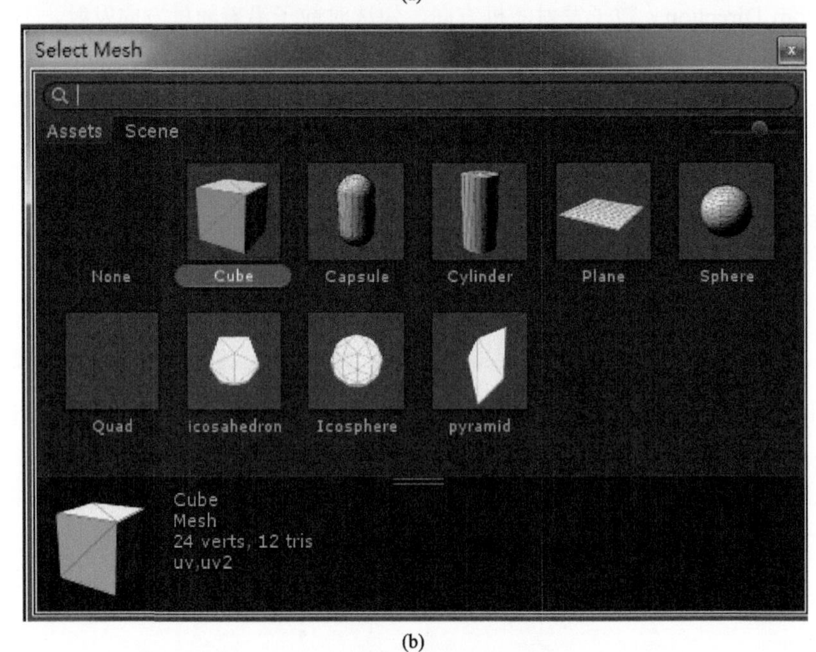

(b)

图2-52　网格选择对话框

③ Random Direction：开启或关闭该选项可使粒子沿着随机方向或沿表面法线方向发射（图2-53）。

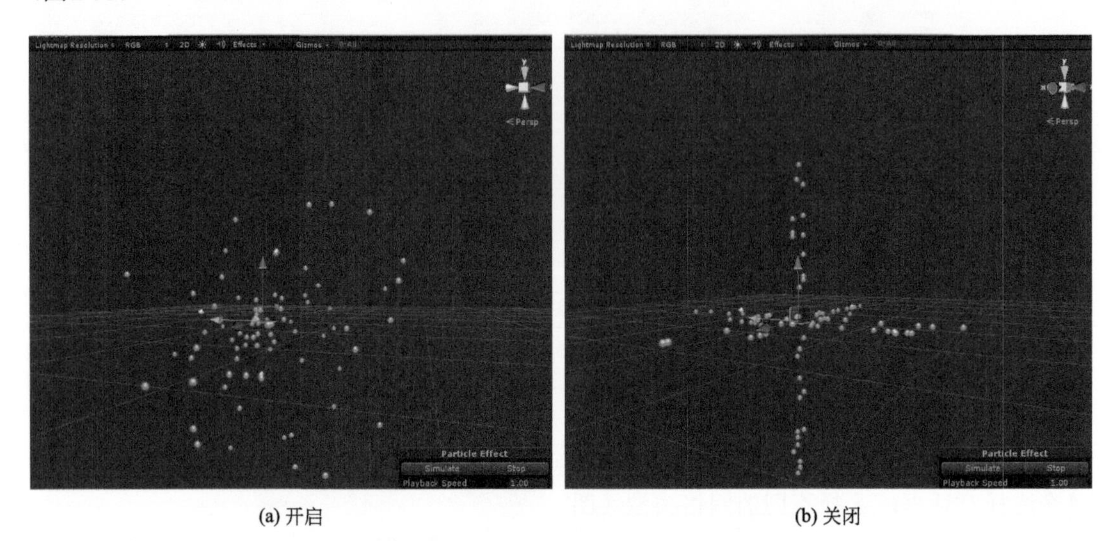

(a) 开启　　(b) 关闭

图2-53　开启或关闭随机方向功能效果

2.2.3.4 Velocity over Lifetime Module（生命周期速度模块）

生命周期速度模块控制着生命周期内每一个粒子的速度。对于那些物理行为复杂的粒子，效果更明显，但对于那些具有简单视觉行为效果的粒子（如烟雾飘散效果）及与物理世界几乎没有互动行为的粒子，此模块的作用就不明显了（图2-54）。

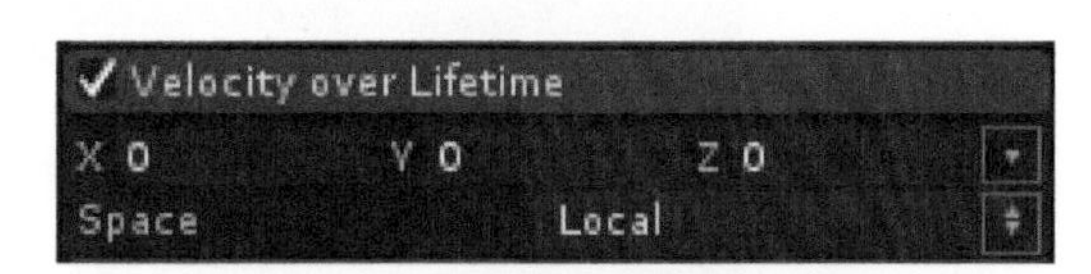

图2-54　生命周期速度模块

① X/Y/Z：可分别在X、Y、Z这三个轴向上对粒子的速度进行定义，也可单击右侧的下三角按钮弹出选项列表选择固定常数、曲线数值、两个常数随机选择及双曲线范围随机选择四个方式（图2-55）。

② Space：单击右侧的下三角按钮弹出选项列表，可选择速度值是在本地坐标系还是世界坐标系（图2-56）。

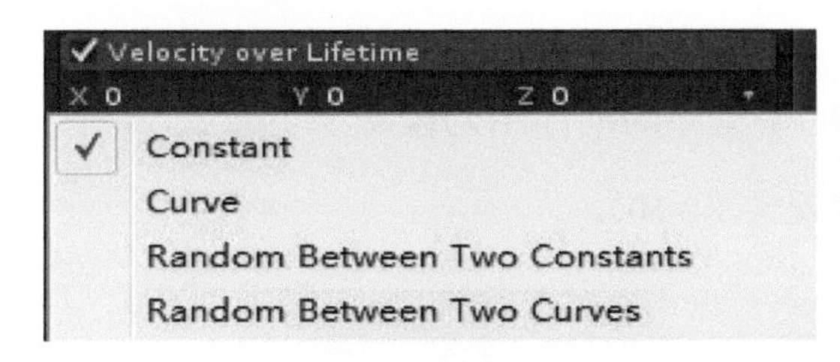

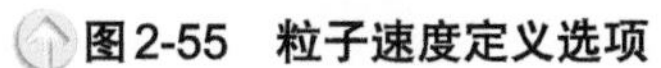

图2-55　粒子速度定义选项

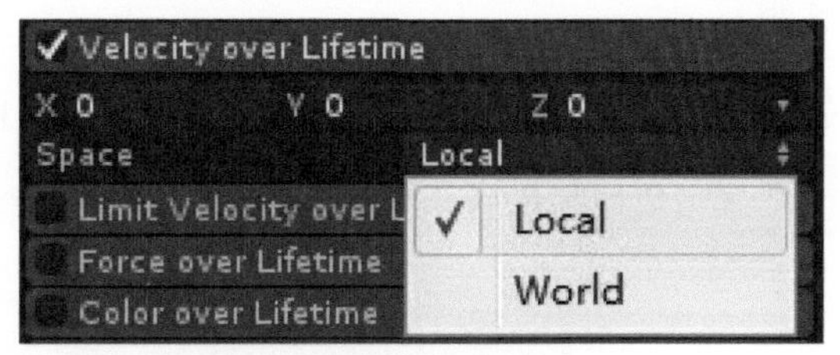

图2-56　速度值坐标系选项

2.2.3.5 Limit Velocity over Lifetime Module（生命周期速度限制模块）

该模块控制着粒子在生命周期内的速度限制及速度衰减，可以模拟类似拖动的效果。若粒子的速度超过设定的限定值，则粒子速度值会被锁定到该限制值（图2-57）。

① Separate Axis：若勾选则会分别对X、Y、Z每个轴向上的粒子速度进行限制，若不勾选则对所有轴向上的粒子进行统一的速度限制（图2-58）。

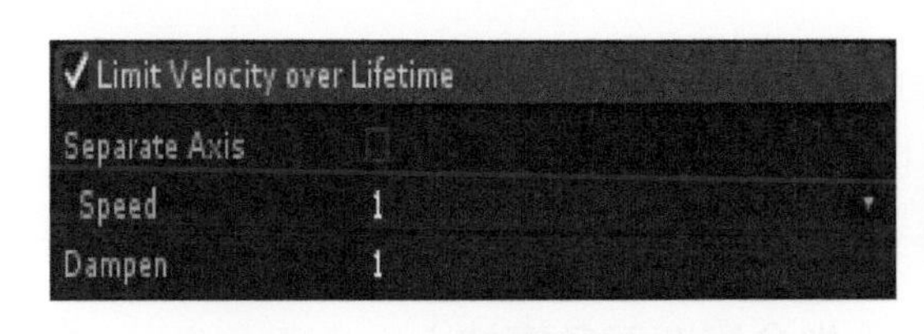

图2-57　生命周期速度限制模块

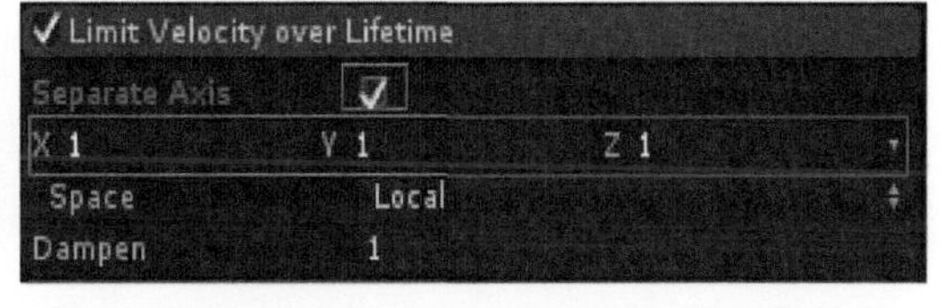

图2-58　生命周期速度限制分离轴

若勾选Separate Axis（分离轴），可在X/Y/Z后框中对X、Y、Z三个轴向设定不同的限定值，如果粒子的速度大于该设定值，则粒子的速度就会被衰减至该限定值。也可单击右侧的下三角按钮弹出选项列表选择固定常数、曲线数值、两个常数随机选择及双曲线范围随机选择四个方式（图2-59）。

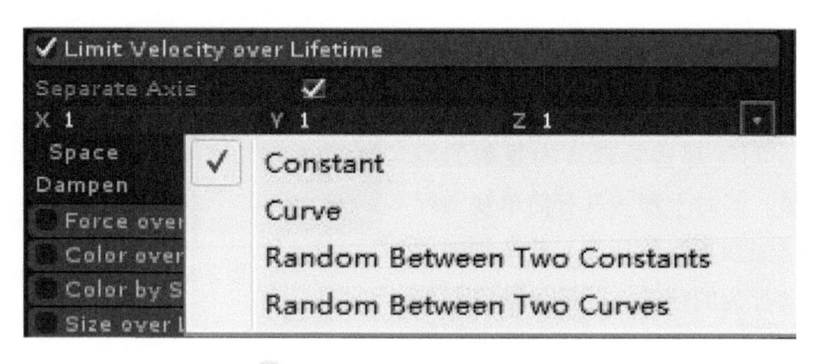

图2-59　分离轴选项列表

② Space：单击右侧的下三角按钮弹出选项列表，可选择速度是在本地坐标系还是世界坐标系中的。

③ Dampen：阻尼系数，取值在0～1之间。阻尼值控制着当粒子速度超过限定值时速度的衰减速率，若阻尼值为0则速度完全不衰减，若值为1则会将粒子速率完全衰减至速度限定值。

2.2.3.6　Force over Lifetime Module（生命周期作用力模块）

该模块控制着粒子在其生命周期内的受力情况（图2-60）。

图2-60　生命周期作用力模块

① X/Y/Z：可分别设定X、Y、Z这三个轴向上的作用力大小，单击右侧的下三角按钮弹出选项列表选择固定常数、曲线数值、两个常数随机选择及双曲线范围随机选择四个方式。

② Space：单击右侧的下三角按钮弹出选项列表，可选择速度是在本地坐标系还是世界坐标系。

③ Randomize：每一帧作用在粒子上面的作用力均随机产生。此选项只有当X、Y、Z数值为Random Between Two Constants（两个常数随机选择）或Random Between Two Curves（双曲线范围随机选择）时才可启用。

2.2.3.7　Color over Lifetime Module（生命周期颜色模块）

该模块控制了每一个粒子在其生命周期内的颜色变化（图2-61）。

图2-61　生命周期颜色模块

单击颜色条右侧的下三角按钮会弹出选项列表，可以选择粒子颜色的渐变方式（图2-62）。

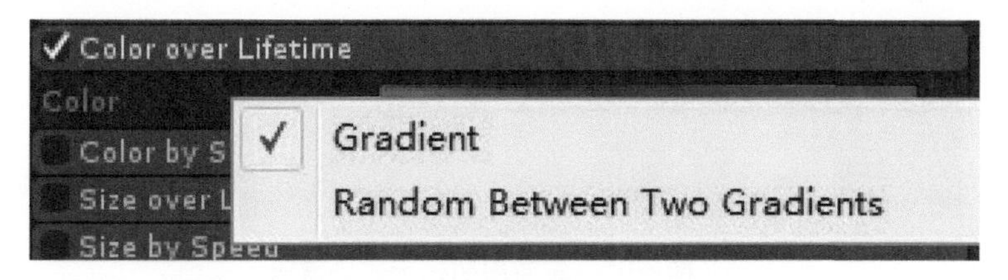

图2-62　粒子颜色渐变方式选项列表

① Gradient：选择一个渐变颜色。

② Random Between Two Gradients：在两个渐变颜色之间随机选择。

单击颜色条会弹出渐变编辑器用来选择渐变颜色（图2-63）。

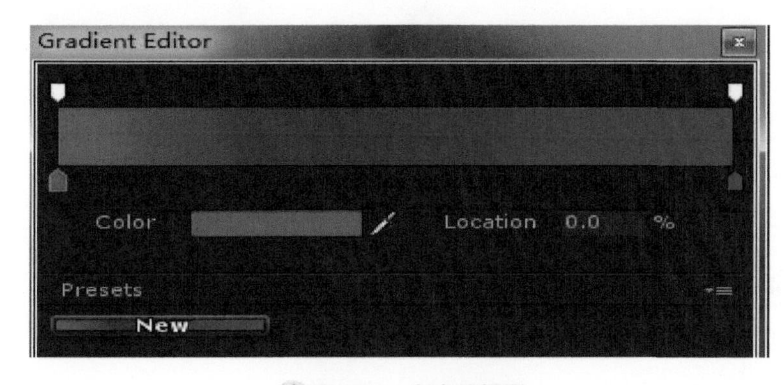

图2-63　渐变编辑器

生命周期颜色模块中的粒子颜色与初始化模块中的粒子颜色的意义不同，初始化模块中的粒子颜色参数指的是发射粒子时粒子的初始颜色，而生命周期颜色模块的粒子颜色是针对单一粒子而言，针对每个粒子在其生命周期内随时间而渐变的颜色。

2.2.3.8　Color by Speed Module（颜色的速度控制模块）

此模块可让每个粒子的颜色依照其自身的速度变化而变化（图2-64）。

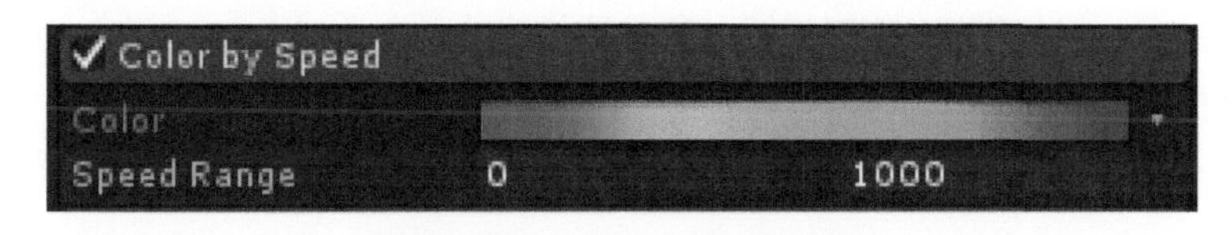

图2-64　颜色的速度控制模块

① Color：颜色渐变值。单击颜色右侧的下三角按钮会弹出选项列表，可以选择粒子颜色的渐变方式（参见图2-62）。单击颜色条会弹出渐变编辑器用来选择渐变颜色（参见图2-63）。

② Speed Range：速度的取值区间，左边是速度最小值，右边为速度最大值，粒子的速度值处于速度区间的不同位置时，该粒子的颜色为上面渐变颜色条中对应的颜色，Speed Range的最大值并没有限制。

2.2.3.9 Size over Lifetime Module（生命周期粒子大小模块）

该模块控制了每一个粒子在其生命周期内的大小变化（图2-65）。

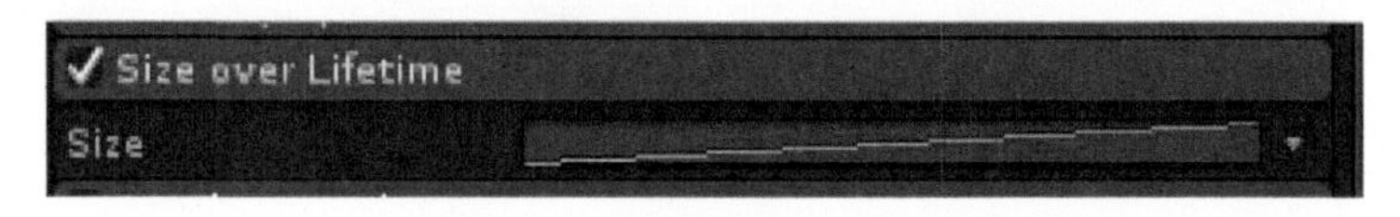

图2-65 生命周期粒子大小模块

Size：粒子的大小。单击右侧的下三角按钮弹出选项列表，选择变化方式：Curve（曲线数值）、Random Between Two Constants（两个常数随机选择）及Random Between Two Curves（双曲线范围随机选择）（图2-66）。

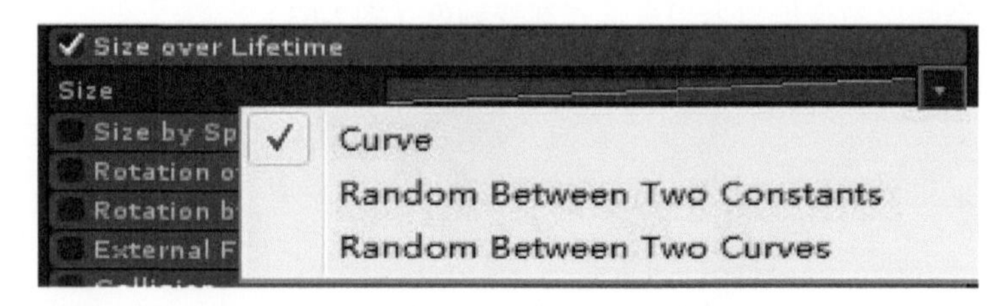

图2-66 粒子大小选项列表

2.2.3.10 Size by Speed Module（粒子大小的速度控制模块）

此模块可让每个粒子的大小依照其自身的速度变化而变化（图2-67）。

图2-67 粒子大小的速度控制模块

① Size：粒子的大小。单击右侧的下三角按钮弹出选项列表，选择变化方式：Curve（曲线数值）、Random Between Two Constants（两个常数随机选择）及Random Between Two Curves（双曲线范围随机选择）。

② Speed Range：速度的取值区间，左边是速度最小值，右边为速度最大值，粒子的速度值处于速度区间的不同位置时，该粒子的大小会发生相应的变化。Speed Range的最大值并没有限制。

2.2.3.11 Rotation over Lifetime Module（生命周期旋转模块）

该模块控制了每一个粒子在生命周期内的旋转速度变化（图2-68）。

图2-68 生命周期旋转模块

Angular Velocity：粒子在其生命周期内的速度旋转变化，单位是度。单击右侧下三角按钮弹出选项列表选择固定常数、曲线数值、两个常数随机选择及双曲线范围随机选择四个方式。

2.2.3.12　Rotation by Speed Module（旋转的速度控制模块）

此模块可让每个粒子的旋转速度依照其自身的速度变化而变化（图2-69）。

① Angular Velocity：同生命周期旋转模块的参数Angular Velocity含义及用法相同。

② Speed Range：速度的取值区间，左边是速度最小值，右边为速度最大值，粒子的旋转速度会随着速度值处于速度区间的不同位置而变化（旋转速度不为固定常数时）。Speed Range的最大值并没有限制（如图2-70）。

图2-69　旋转的速度控制模块

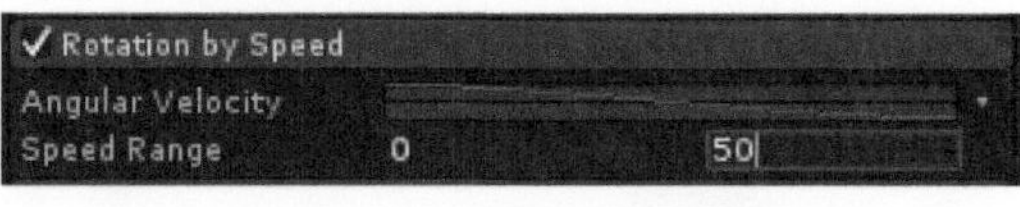

图2-70　速度的取值区间

2.2.3.13　External Forces Module（外部作用力模块）

此模块可控制风域的倍增系数（图2-71）。

图2-71　外部作用力模块

Multiplier：倍增系数，风域对每一个粒子均产生影响，倍增系数越大影响越大。

2.2.3.14　Collision Module（碰撞模块）

此模块可为粒子系统建立碰撞效果，目前只支持平面类型碰撞，该碰撞对于进行简单的碰撞检测效率会非常高（图2-72）。

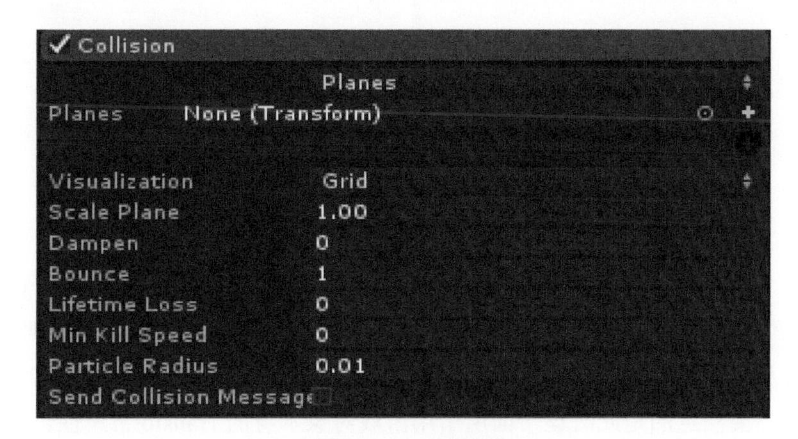

图2-72　碰撞模块

Planes/World：单击右侧的下三角按钮会弹出选项列表，可选择Planes（平面）或World（世界）碰撞类型（图2-73）。

（1）若选择Planes碰撞方式（图2-72），参数如下：

① Planes（平面碰撞）：平面碰撞是引用场景中存在的一个游戏对象（或创建一个空的游戏对象）的Transform（变换）组件中的位置及旋转值为基准，在此基础上创建一个碰撞平面，此平面的法线方向为Y轴。单击右边的圆圈按钮可弹出引用游戏对象的选择对话框，可从Scene视图中存在的游戏对象列表中选择一个游戏对象作为引用对象（图2-74和图2-75）。

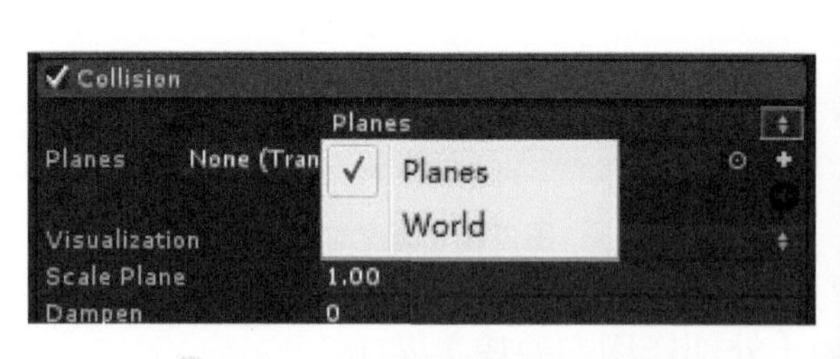

图2-73 碰撞模块类型选项列表

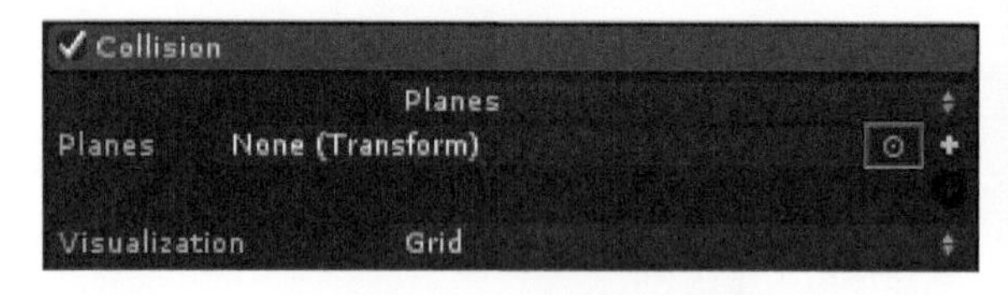

图2-74 平面碰撞按钮

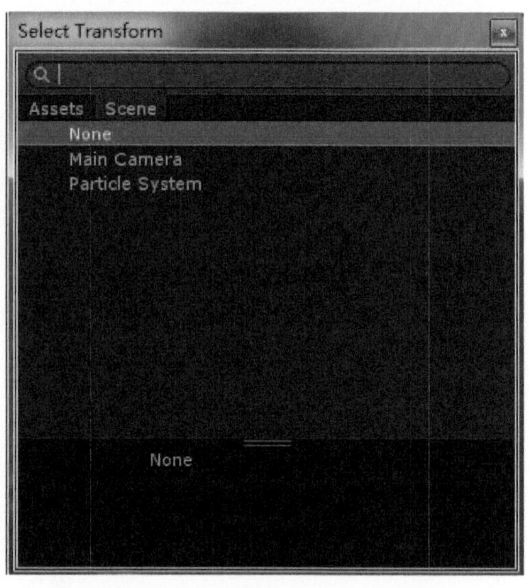

图2-75 游戏对象选择对话框

若单击右侧的加号按钮可直接增加一个碰撞平面（以新建一个空的游戏对象为原型引用其Transform组件）[图2-76（a）]，单击下面的黑色加号按钮［如图2-76（b）］可以再增加一个碰撞平面，最多可增加至6个（图2-77）。

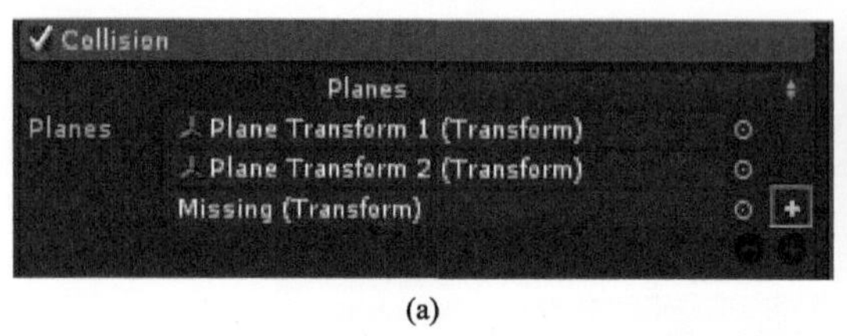

(a)

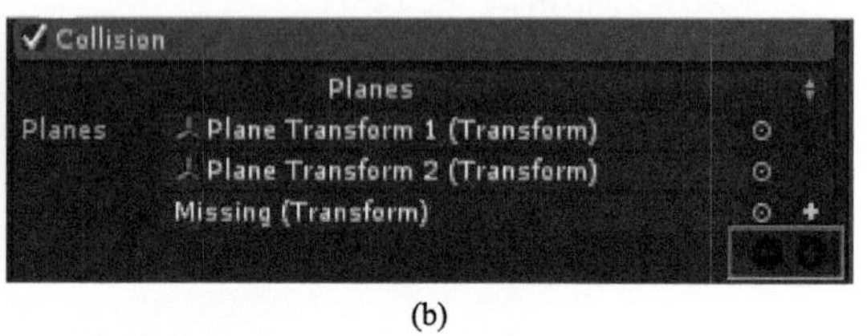

(b)

图2-76 增加碰撞平面的方法

通过新建一个空的游戏对象为原型引用其Transform组件的方式创建碰撞平面，此时，该平面将作为这个粒子系统的子物件，即使移除此碰撞平面，该子物体也不会被删除。若调整碰撞平面的位置及旋转方向，可单击该平面中心的节点将其选中并配合移动或旋转操作即可对其进行调节，但需要注意的是此时该平面所引用游戏对象本身的Transform属性也会产生相应的变化。

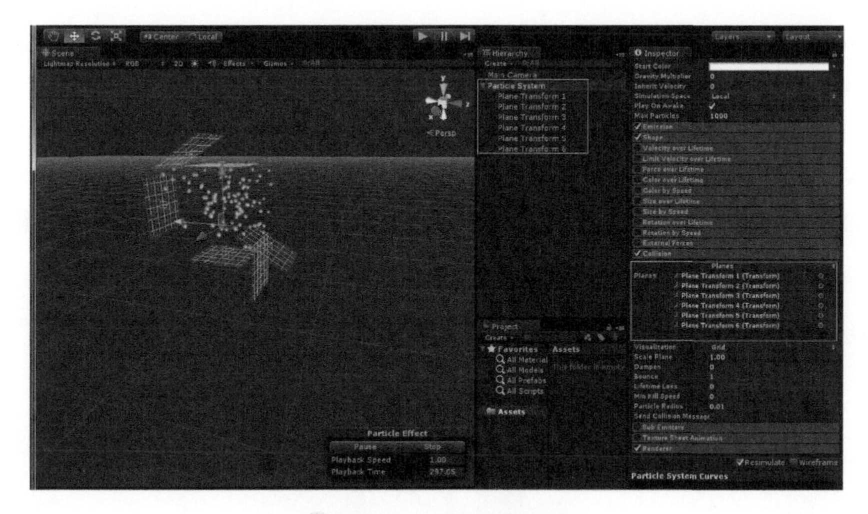

图2-77　碰撞平面视图

② Visualization：平面的视觉效果，单击右侧的下三角按钮，可选择是以Grid（网格）方或还是以Solid（实体）方式显示碰撞平面（图2-78）。

以下属性值的调整会对粒子系统的所有碰撞平面同时起作用。

③ Scale Plane：碰撞平面的大小。

④ Dampen：阻尼系数，取值为0～1。当粒子与碰撞平面发生碰撞时会损失一部分速度，Dampen值越大粒子损失的速度越大，其速度会变得越慢。当Dampen值为O时碰撞后粒子速度完全不损失，Dampen值为1时在碰撞后粒子速度会完全损失。

⑤ Bounce：反弹系数，取值为0～2。该数值越大，碰撞平面法线方向的反弹越强。

⑥ Lifetime Loss：生命周期衰减系数，取值为0～1，反映了粒子碰撞后生命周期的衰减情况。该数值越大，粒子与平面发生碰撞后其生命周期的衰减值越大，Lifetime Loss的值为0时不衰减，其值为1时粒子碰撞时即消亡。

⑦ Min Kill Speed：最小销毁速度，当粒子发生碰撞后，小于该速度值的粒子将被销毁。

⑧ Particle Radius：粒子半径。将粒子看作一个以其自身为圆心的虚拟球体，该值即为球体的半径，此球体可看作是该粒子的碰撞包围体，粒子与平面的碰撞就可看做是球体与平面的碰撞，球体半径越大则粒子会在离平面越远的地方与其发生碰撞，最小半径为0.01。

（2）若选择World碰撞方式（图2-79），参数如下：

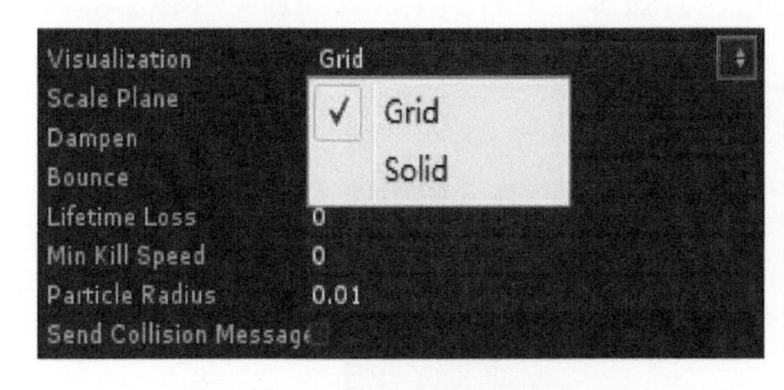

图2-78　平面的视觉效果选项

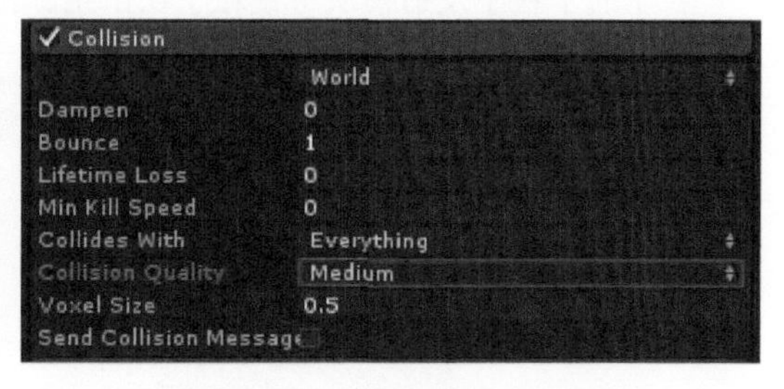

图2-79　世界碰撞方式界面

① Dampen、Bounce、Lifetime Loss、Min Kill Speed参数含义与上文中的Planes碰撞方式相同，不再重复介绍。

② Collides With：碰撞过滤选择。单击右侧的下三角按钮在弹出的选项列表中可选择粒子与哪个层级发生碰撞（图2-80）。

③ Collides Quality：碰撞质量，单击右侧的下三角按钮可以进行相应的选择（图2-81）。

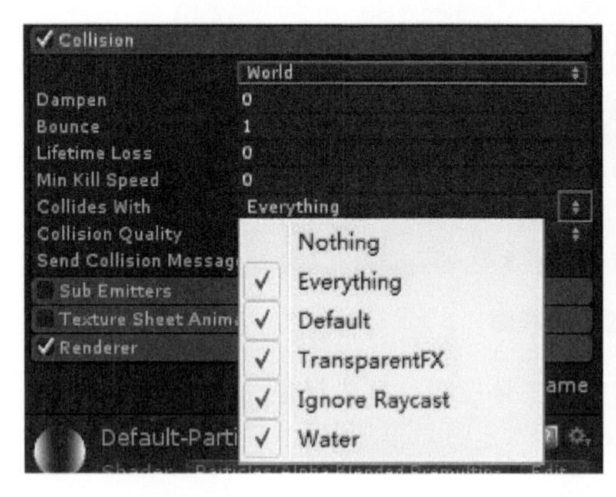

图2-80　碰撞过滤选项列表

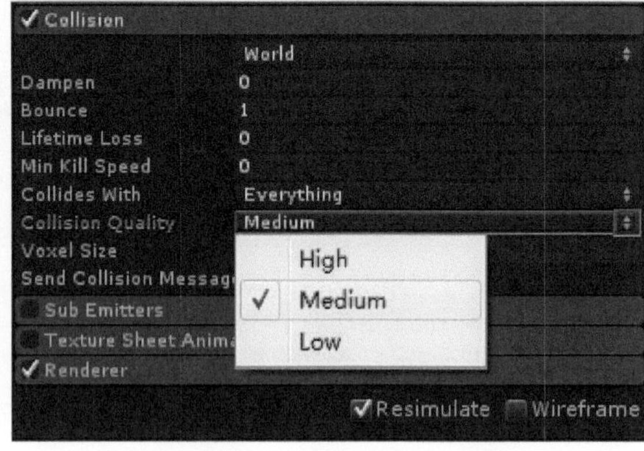

图2-81　碰撞质量选项列表

- High：高质量效果。每个粒子会每帧与场景做一次射线碰撞检测，需要注意的是，这样会增加电脑CPU的负担，使计算变慢，故在此情况下整个场景中的粒子数应当小于1000。
- Medium：中等效果。粒子系统在每帧会受到一次Particle Raycast Budget（光线投射）全局设定的影响。对于在指定帧数没有接收到射线检测的粒子，将以轮流循环的方式予以更新，这些粒子会参照并使用缓存中原有的碰撞。需要注意的是这种碰撞类型是一种近似的处理方式，有部分粒子（尤其是角落处）会被排除在外。
- Low：低效果。与中等效果相似，只是粒子系统每四帧才受一次Particle Raycast Budget全局参数的影响。

④ Voxel Size：碰撞缓存中的体素的尺寸，仅当Collision Quality（碰撞质量）为Medium和Low时可用。

2.2.3.15　Sub Emitters Module（子粒子发射模块）

粒子的子粒子发射模块可使粒子在出生、消亡、碰撞等三个时刻生成其他粒子（图2-82）。

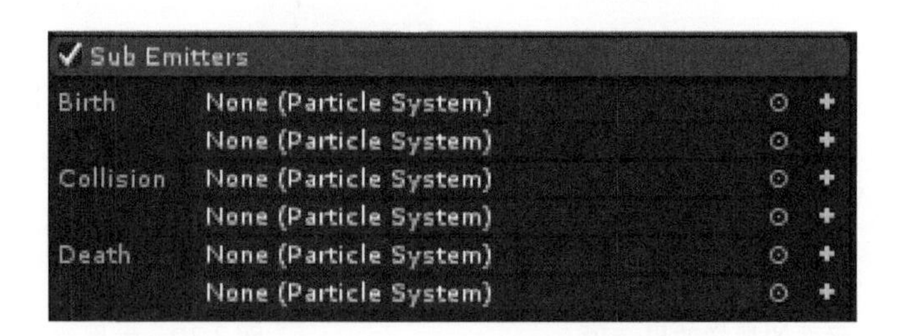

图2-82　子粒子发射模块

① Birth：在粒子出生时生成新的粒子。单击右侧的圆圈按钮会弹出粒子系统选择对话框，可指定某个已存在的粒子系统为新生成的粒子（图2-83）。

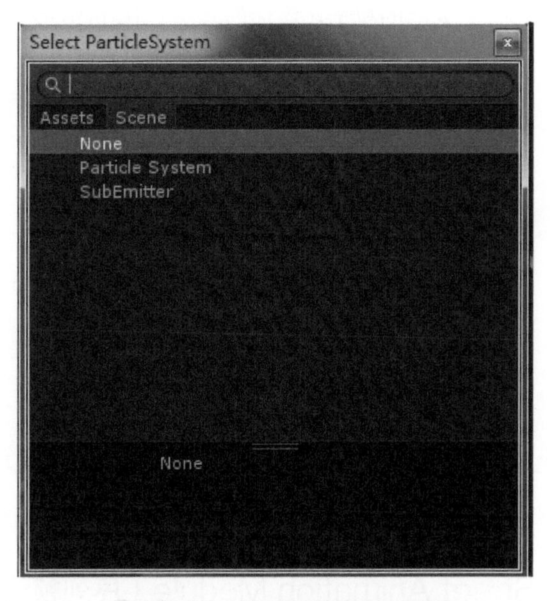

图2-83　粒子系统选择对话框

单击右边的加号按钮会为源粒子创建一个新的粒子系统（新粒子将作为源粒子的子物体）（图2-84和图2-85）。

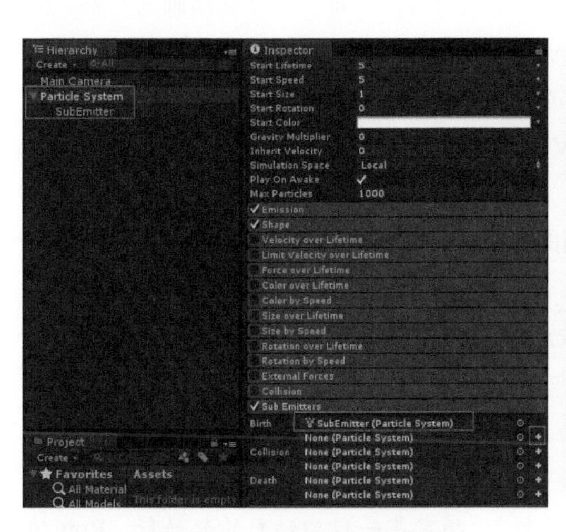

图2-84　创建新的粒子系统

图2-85　新创建粒子系统的效果

注

一旦如此，即使以后源粒子不再将其作为新粒子来使用，该粒子还是会作为源粒子的子物体继续存在，除非手动将其删除。

② Collision：在粒子发生碰撞时生成新的粒子，添加的方法与Birth情形相同。启用此属性需要开启Collision Module（碰撞模块）（图2-86）。

③ Death：在粒子消亡时生成新的粒子，添加的方法与Birth情形相同（图2-87）。

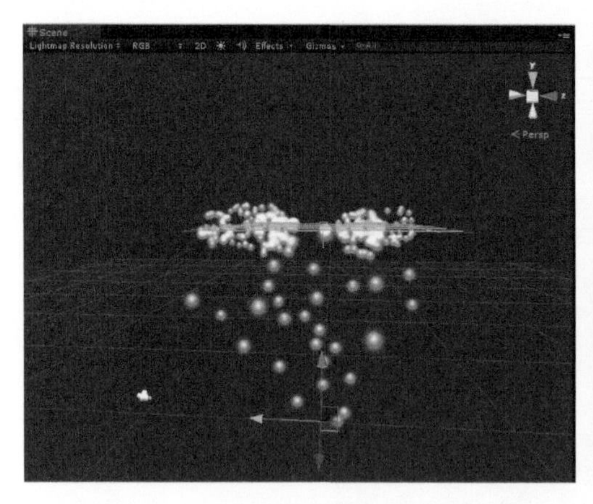

图2-86　粒子发生碰撞时生成新的粒子

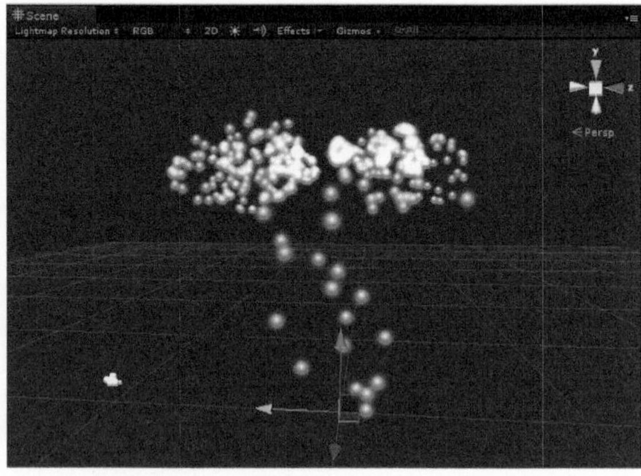

图2-87　粒子消亡时生成新的粒子

2.2.3.16　Texture Sheet Animation Module（序列帧动画纹理模块）

图2-88　序列帧动画纹理模块

该模块可对粒子在其生命周期内的UV坐标产生变化，生成粒子的UV动画。可以将纹理划分成网格，在每一格存放动画的一帧。同时也可以将纹理划分为几行，每一行是一个独立的动画（图2-88）。

① Tiles：纹理平铺。X、Y的值为粒子的UV在X、Y方向上的平铺值，即将整页纹理划分成的列数和行数。

② Animation：指定UV动画类型。单击右侧的下三角按钮，是使用Whole Sheet整页还是Single Row单行的形式（图2-89）。

● Whole Sheet：基于整页形式的动画。该动画是以整页纹理从左到右、从上到下的顺序来行进的。

● Single Row：基于单行形式的动画。该动画是以一行纹理从左到右的顺序行进。当选中Single Row时（图2-90），则增加Random Row和Row两个参数。Random Row（随机行），若激活此项则动画开始于纹理页的随机行；Row（行），指定某一行为动画的起始行，Row值不会超过Tiles里的Y值。

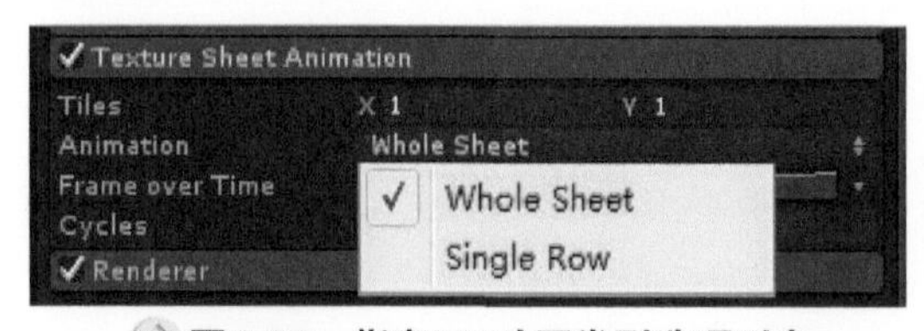

图2-89　指定UV动画类型选项列表

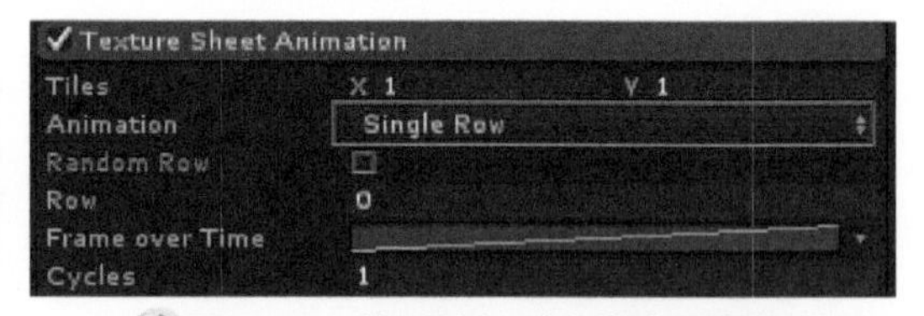

图2-90　基于单行形式的动画参数

③ Frame over Time：时间帧，该参数可控制每个粒子在其生命周期内的UV动画帧。曲线上的横坐标为粒子的生命周期的百分比，纵坐标为指定行从左到右的顺序，最高值为该纹理页所设定的X值。单击右侧的下三角按钮可弹出选项列表，可选择固定常数、曲线数值、两个常数随机选择及双曲线范围随机选择四个方式。

④ Cycles：循环次数。粒子在其生命周期内其UV动画将循环多少次。

2.2.3.17 Renderer Module（粒子渲染器模块）

该模块显示了粒子系统渲染相关的属性。即使此模块被添加或移除，也不影响粒子的其他属性（图2-91）。

① Render Mode：粒子渲染器的渲染模式，单击右侧下三角按钮可弹出选项列表（图2-92）。选择不同的渲染模式，属性也都有所差别。

● Billboard：公告板模式。在该模式下粒子总是面对着摄像机（图2-93）。

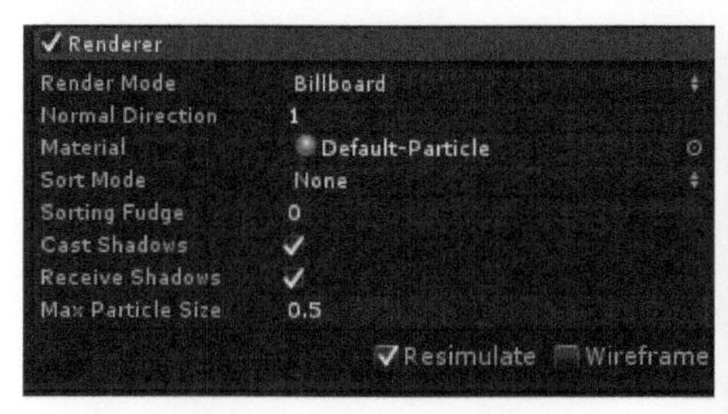

图2-91　粒子渲染器模块

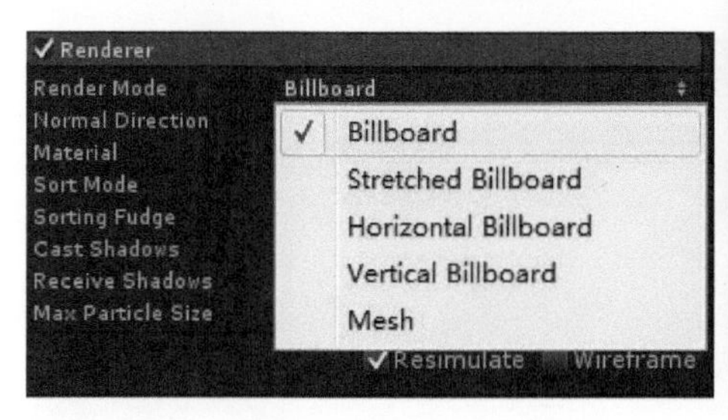

图2-92　粒子渲染器的渲染模式选项列表

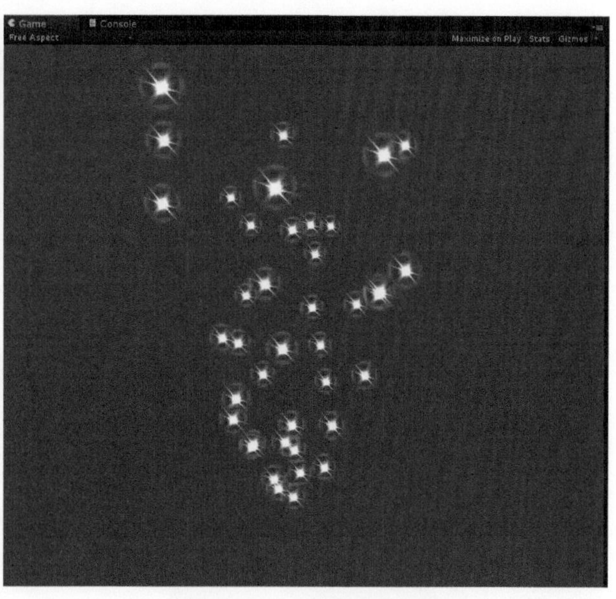

图2-93　公告板模式效果

● Stretched Billboard：拉伸公告板模式，此模式下粒子将通过下面参数值的设定被伸缩（图2-94和图2-95）。

a.Camera Scale：相机缩放。摄像机的速度对于粒子伸缩影响的程度。

b.Speed Scale：通过比较粒子的速度决定粒子的长度。

c.Length Scale：通过比较粒子的宽度决定粒子的长度。

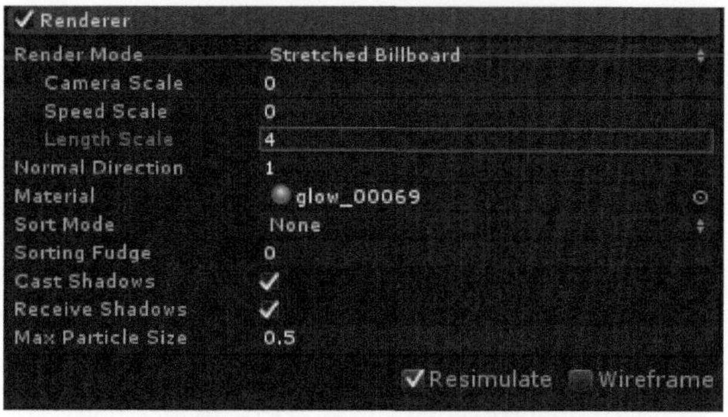

图2-94　拉伸公告板模式参数

● Horizontal Billboard：水平公告板模式，此模式下粒子将沿Y轴对齐（图2-96）。

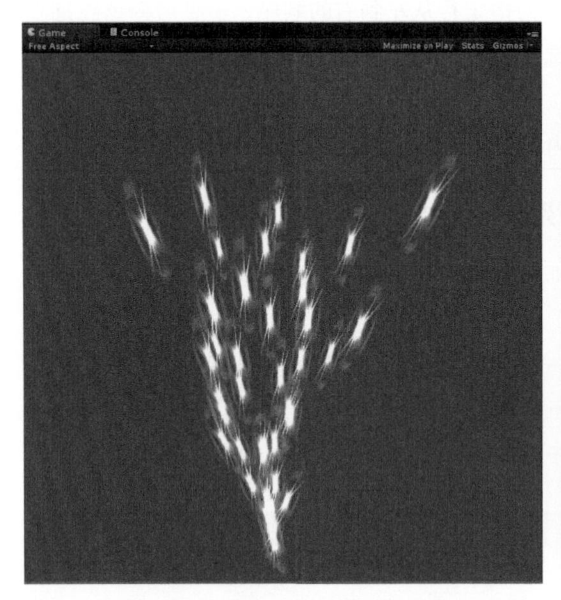

图2-95　拉伸公告板模式效果

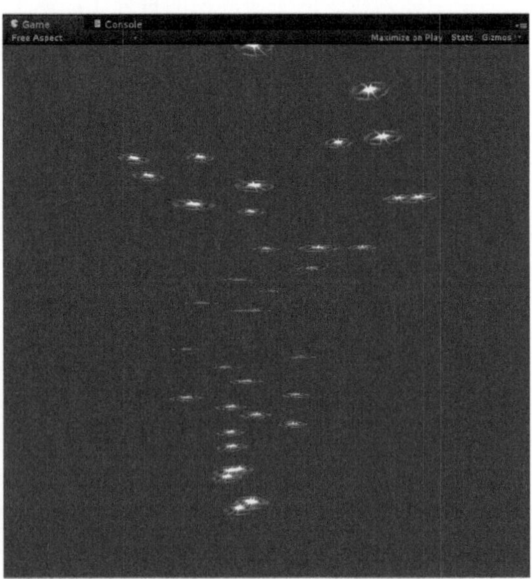

图2-96　水平公告板模式效果

● Vertical Billboard：垂直公告板模式，此模式当面对摄影机时，粒子将与ZX平面对齐（图2-97）。

● Mesh：网络模式，此模式将用网络去渲染粒子（图2-98）。

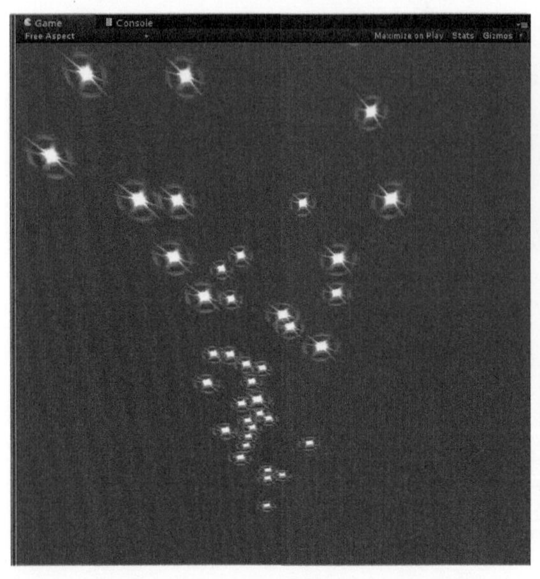

图2-97　垂直公告板模式效果

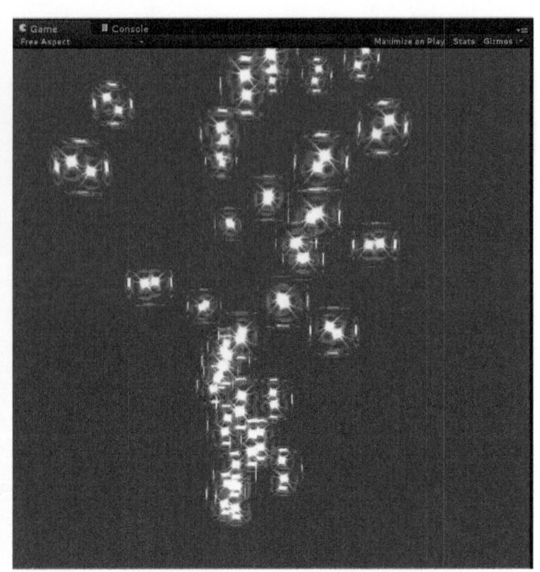

图2-98　网络模式效果

② Normal Direction：法线方向。取值在0.0～1.0之间。若该值为1.0则法线方向指向摄影机，若该值为0.0则法线方向指向粒子的角落方向。

③ Material：可指定用作渲染粒子的材质。

④ Sort Mode：排序模式。粒子可以By Distance（按距离）、Youngest First（从最新的粒子开始）、Oldest First（从最旧的粒子开始）等顺序进行绘制（图2-99）。

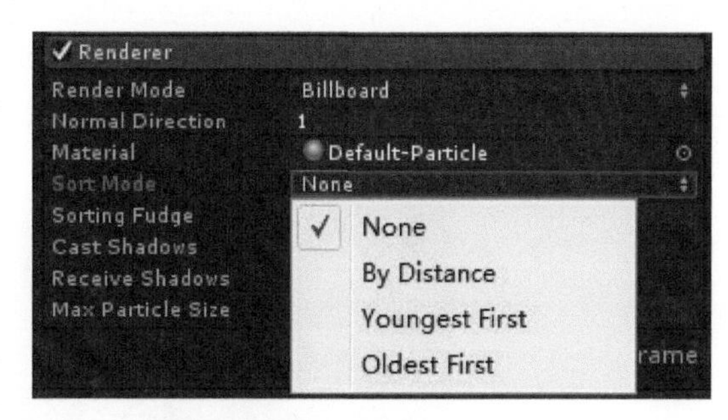

图2-99　排序模式选项列表

⑤ Sorting Fudge：排序矫正。用来影响粒子绘制的顺序。该数值较低的粒子会最后被绘制，这样就会使粒子在其他透明物体或其他粒子的前面显示出来。该数值可以为负值或正值，负值越小，层级越靠前。

⑥ Cast Shadows：投射阴影。粒子可否投射阴影是根据其材质决定的，只有非透明材质才可投影阴影。

⑦ Receive Shadows：接受阴影。粒子可否接受阴影是根据其材质决定的，只有非透明材质才可接受阴影。

⑧ Max Particle Size：最大粒子大小（相对于视图）。

⑨ Resimulate：若勾选此项，则当粒子系统变更时会立即显示出变化（也包括对粒子系统Transform属性的变化）（图2-100）。

⑩ Wireframe：若勾选此项，则将显示每个粒子的面片网络（图2-101和图2-102）。

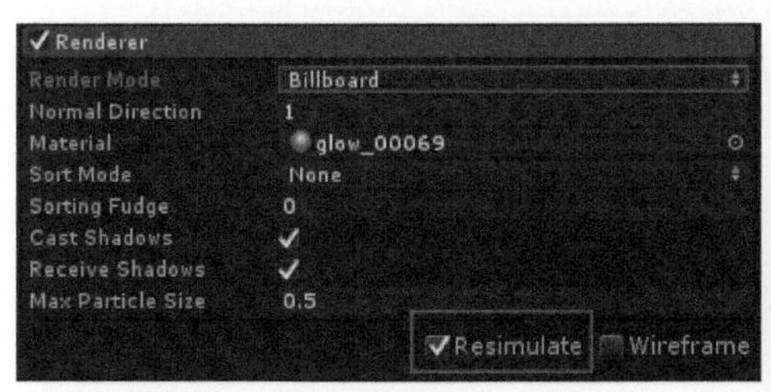

图2-100　Resimulate（再模拟）选项

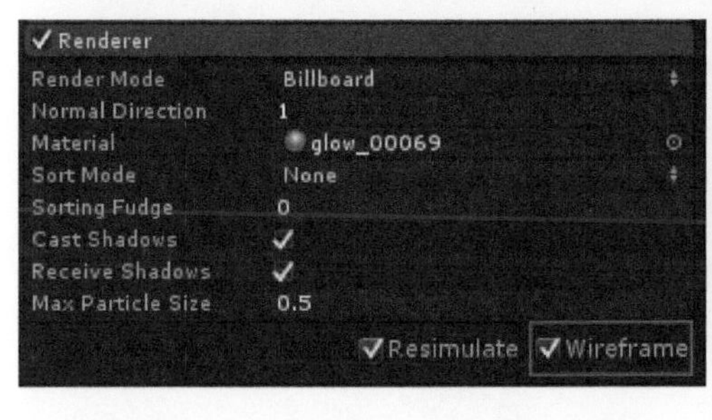

图2-101　Wireframe（线框）选项

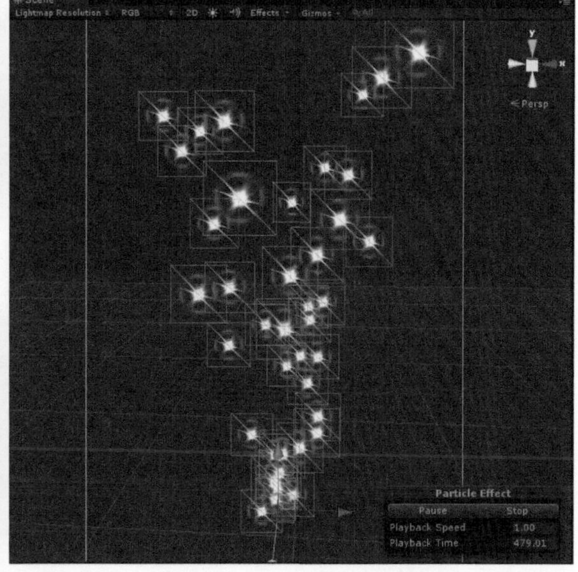

图2-102　粒子渲染效果

2.2.3.18　Particle Effect（粒子效果面板）

粒子效果面板，单击Pause按钮可使当前的粒子暂停播放，再次单击该按钮可继续播放；单击Stop按钮可使当前粒子停止播放；Playback Speed标签为粒子的回放速度，拖动Playback

Speed标签或者在其右边输入数值可改变该速度值；Playback Time为粒子回放的时间，拖动Playback Time标签或者在其右边输入数值可改变该时间值（图2-103）。

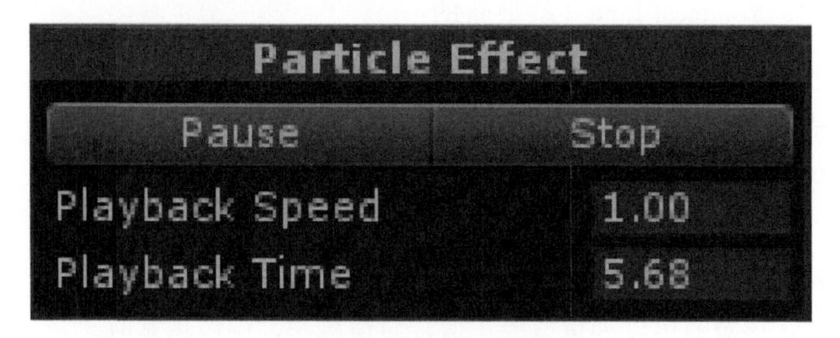

图2-103　粒子效果面板

2.2.3.19　Particle System Curves（曲线编辑器）

如前文介绍，一些模块的数值可以选择随曲线变化，可以在曲线编辑器中调整曲线的形状（图2-104）。

图中曲线描述了粒子初始化模块中Start Size参数的变化，曲线的横坐标最小值为0，最大值为粒子的持续时间（即Duration参数值），纵坐标最小值为0，最大值为粒子的大小值（即Start Size值），最上面显示了该纵坐标所反映的属性的参数名称，曲线反映了粒子大小随时间变化的趋势。曲线编辑器的下方提供了几种预设的曲线形式可选择，也可以双击曲线上任意一点（或单击鼠标右键并选择Add Key）来增加控制点，从而对曲线进行更加精确的调整（图2-105）。

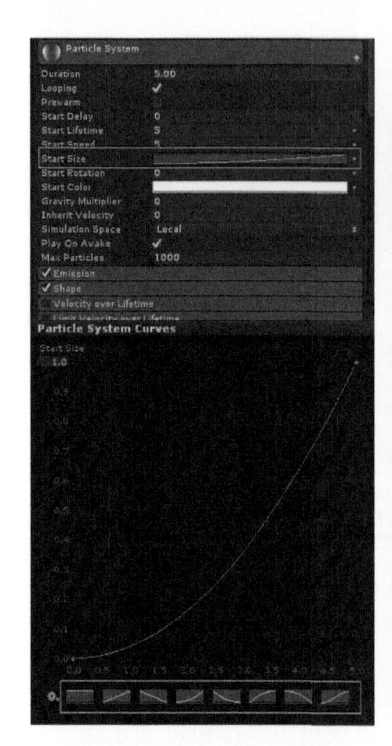

图2-104　曲线编辑器

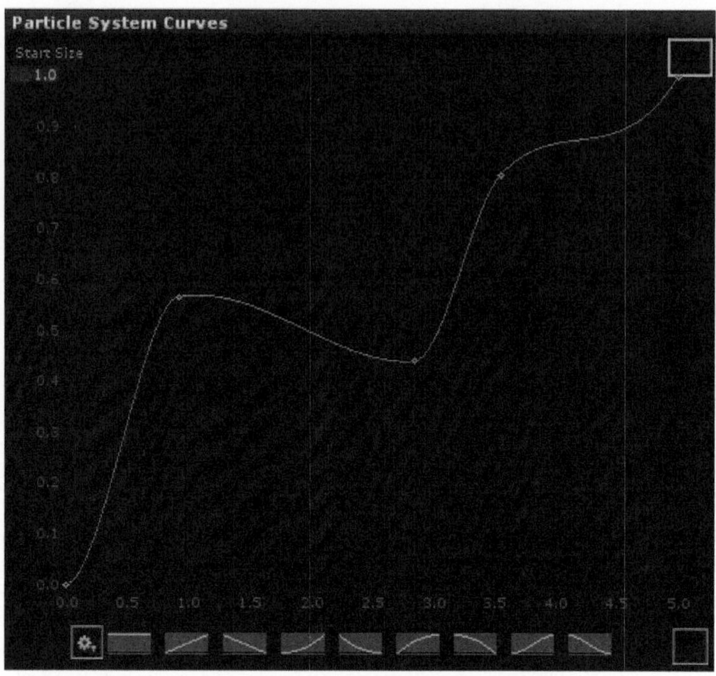

图2-105　曲线编辑调整示意图

单击曲线编辑器右上方的减号按钮（参见图2-105）可移除当前所选择的曲线（曲线本身还是保留的，只是在曲线编辑器中不显示）；当一条曲线上超过3个控制点时，编辑器的右下方会出现加号按钮（参见图2-105），单击该按钮，系统会自动对曲线进行控制点优化处理，优化后的曲线上只保留3个控制点。当编辑器有多条曲线同时存在时，被选择的曲线将高亮显示。单击编辑器左下方的齿轮按钮，会弹出多种曲线选择面板（图2-106）点击New方框可将自定义的曲线添加到面板中保存。

切线的调整：

在曲线的任意控制点上单击鼠标右键，会弹出切线的选择类型列表（图2-107）。

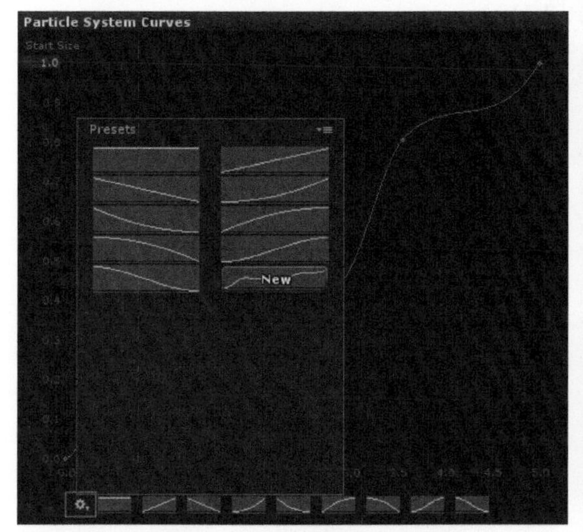

图2-106　曲线选择面板

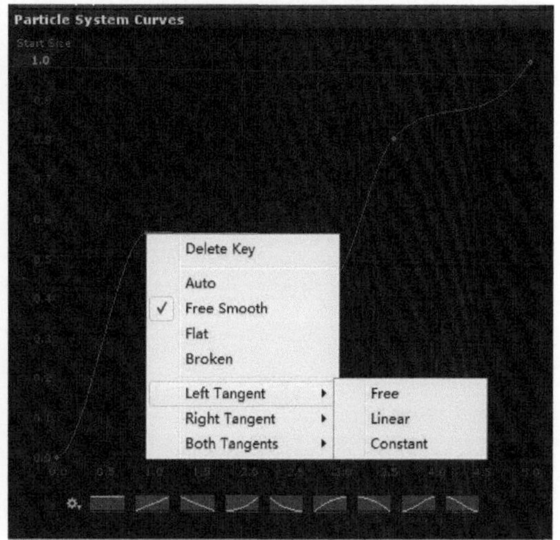

图2-107　切线的选择类型列表

切线的调整方式参数：

① Delete Key：删除控制点。

② Auto：自动平滑模式。

③ Free Smooth：自由平滑模式（与Auto不同的是，Free Smooth可以用摇杆调节）。

④ Flat：水平模式。

⑤ Broken：破损模式。

⑥ Left Tangent、Right Tangent、Both Tangents：控制点与左侧曲线、右侧曲线、两边曲线相切的方式。

- Free：自由相切。
- Liner：线性相切。
- Constant：恒值相切。

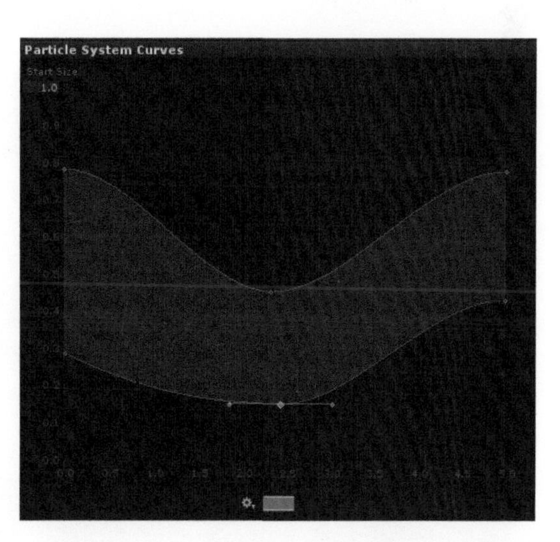

图2-108　以两曲线中的随机值进行调整

Random Between Two Curves在曲线编辑器中两条曲线之间的范围内沿时间随机选择数值（图2-108）。

2.3 引擎场景特效制作

（1）打开Unity，选择菜单栏File→New Scene新建一个Scene（场景）并保存（图2-109）。

（2）将Model（模型）文件夹中的火把模型拖入Hierarchy视图中，可以在Scene视图中看到火把的模型并调整摄像机到合适的角度，选择Hierarchy视图中Main Camera（主摄像机），按住键盘Shift+Ctrl+F键，将Game视图与Scene视图调整为同样的摄像机角度。

（3）打开菜单栏中GameObject→Create Empty选项，建立一个空物体并命名为“gouhuo_vfx”，以便以后将各个特效粒子整理到一起（图2-110）。

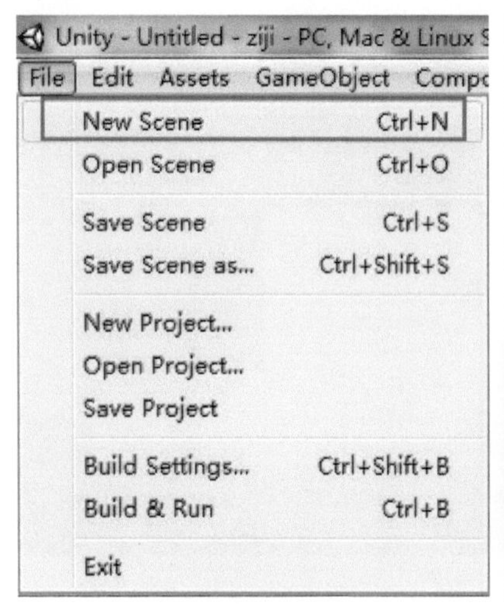

图2-109 新建场景选项

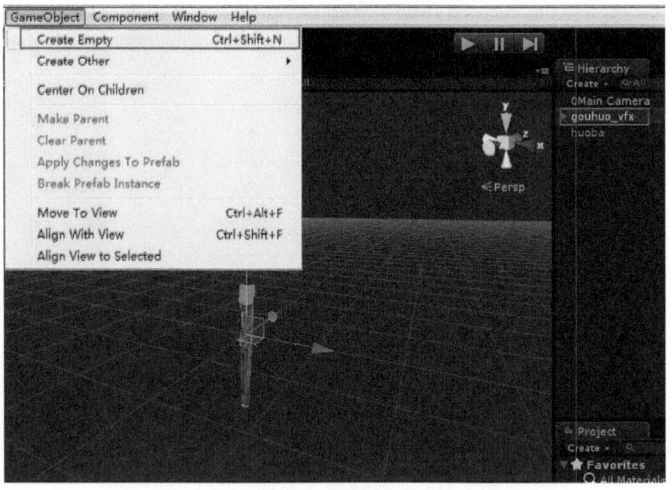

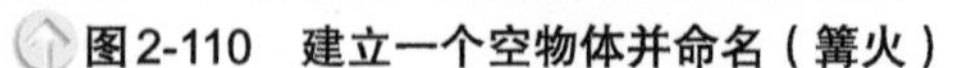

图2-110 建立一个空物体并命名（篝火）

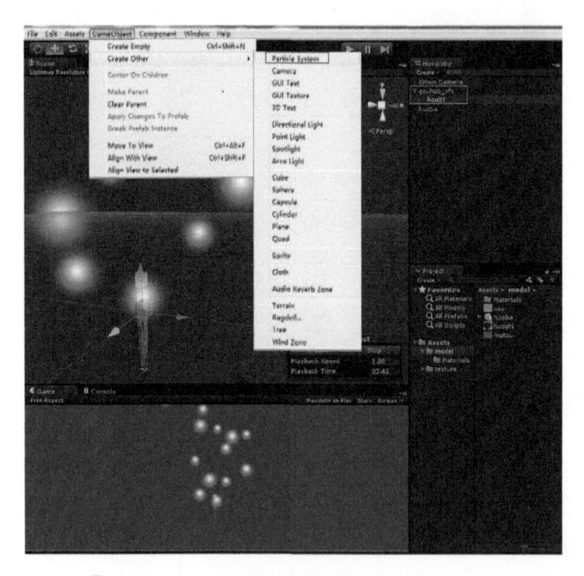

图2-111 创建粒子系统并命名（火焰）

（4）单击菜单栏中GameObject→Create Other→Particle System选项，在场景中新建一个粒子系统并将粒子系统并命名为“huo01”（图2-111）并将粒子拖动到“gouhuo_vfx”物体下。

（5）在Inspector视图中，对新建的huo01粒子的个属性参数进行调节。首先在Transform模块上的下三角符号上单击右键，弹出修改列表，选择Reset Position将粒子的位置归零（图2-112）。

（6）设置粒子的材质贴图。在Project视图中单击Create→Material选项创建一个新的材质球（图2-113），然后在Inspector视图中材质球的图片选择方框中，单击右下

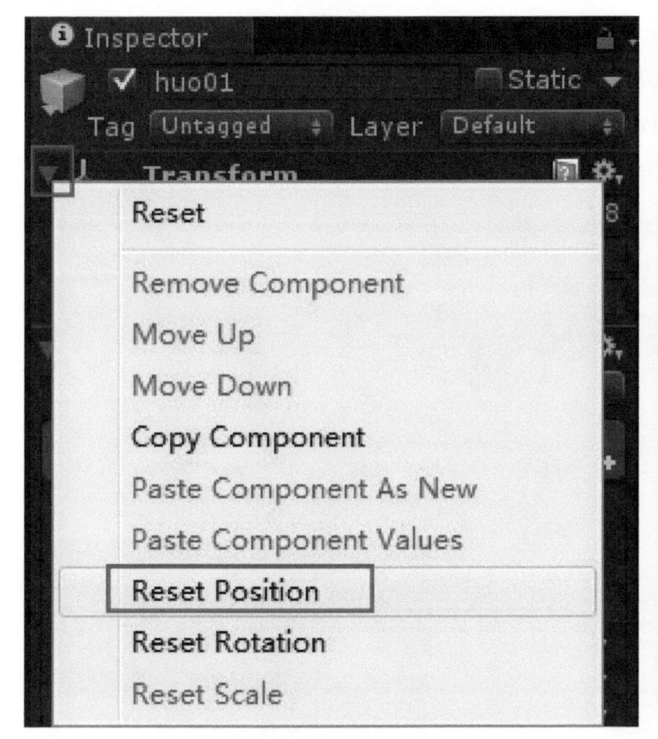

图2-112　调节粒子的位置（归零）

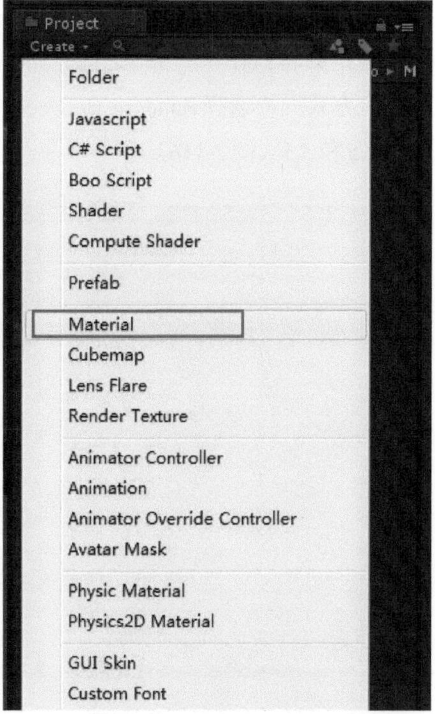

图2-113　创建一个新的材质球

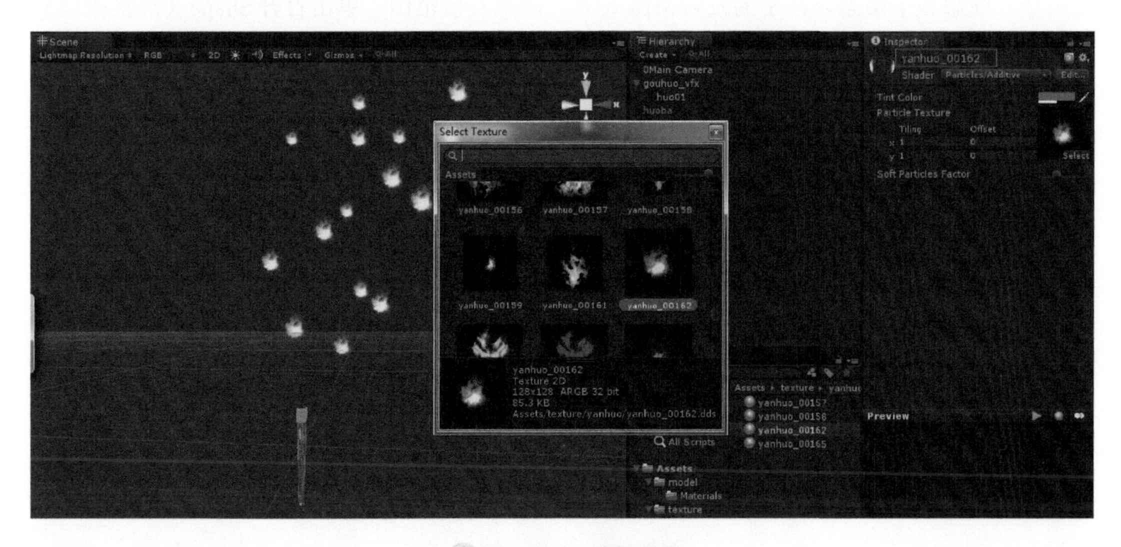

图2-114　选择贴图

角Select（选择）弹出Select Texture（选择贴图）窗口，选择制作火焰的贴图“yanhuo_00162”，然后将材质球的名字更改为与制作火的贴图名字一致（即yanhuo_00162）（图2-114）。

（7）在Inspector视图中单击Renderer模块，然后单击Material属性右侧的圆圈按钮（图2-115），在弹出的材质选择对话框中选择yanhuo_00162材质球。

（8）调整粒子的属性参数。选择初始化模块，单击Start Rotation（初始旋转）右侧的下三角按钮，在下拉列表中选择Random Between Two Constants（在两个常量值之间随机选择）方式，设定旋转值在0～360之间。再单击Start Speed（初始速度）右侧的下三角按钮，速度值的变化方式同样选择Random Between Two Constants（在两个常量值之间随机选择），常量值设定为2.5和3.5（图2-116）。

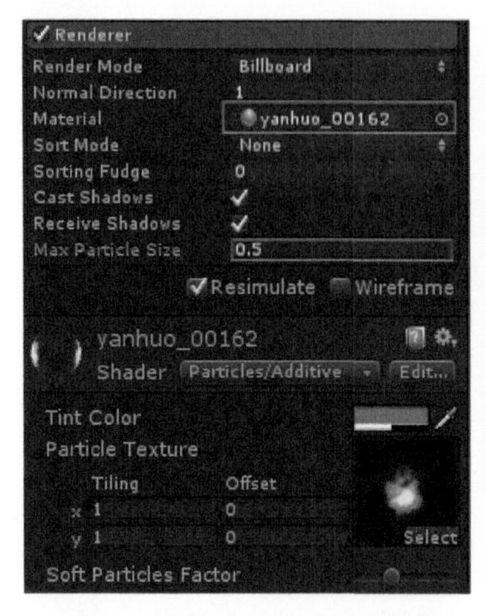

图2-115 选择材质球属性

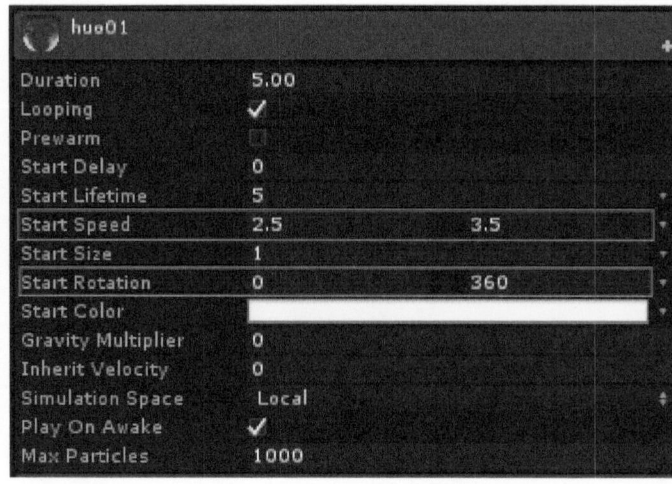

图2-116 调整粒子的属性参数

（9）观察粒子形态，粒子的发射范围太大，调整发射范围。单击打开Shape（形状模块），调整发射器的Angle（锥体角度）值为5，Radius（半径）值为0.01（图2-117）。

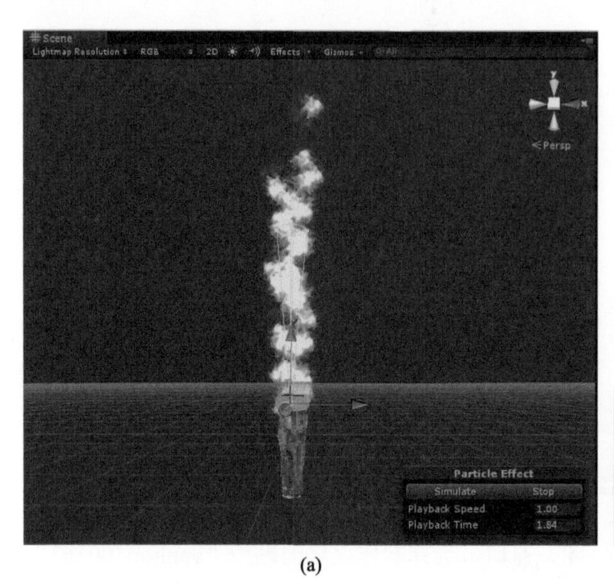

(a)

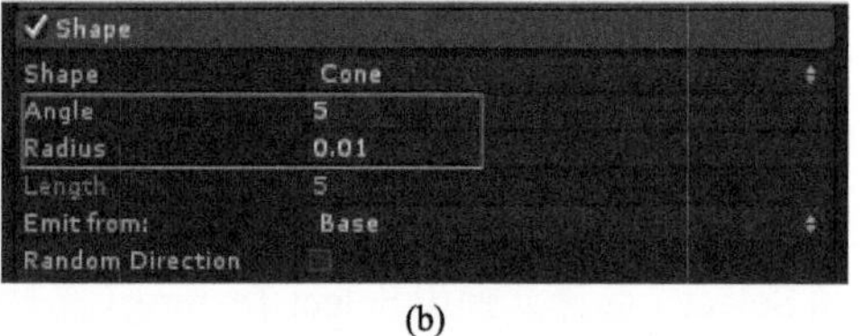

(b)

图2-117 粒子发射范围调整

（10）粒子太小会显得粒子比较细碎，因此调整粒子的大小。选择初始化模块，单击Start Size（初始大小）右侧的下三角按钮，在下拉列表中选择大小的变化方式为Random Between

Two Constants（在两个常量值之间随机选择），两个常量值设为1.5和2.5，火焰粒子的大小就为随机值了。同理设定Start Lifetime（生命周期）的值为在0.5和1.5两个常量间随机取值。然后单击Start Color（初始颜色）右侧的下三角按钮并在下拉列表中选择Random Between Two Colors（两个纯色随机选择），让粒子的颜色在两个纯色中随机选择（图2-118）。

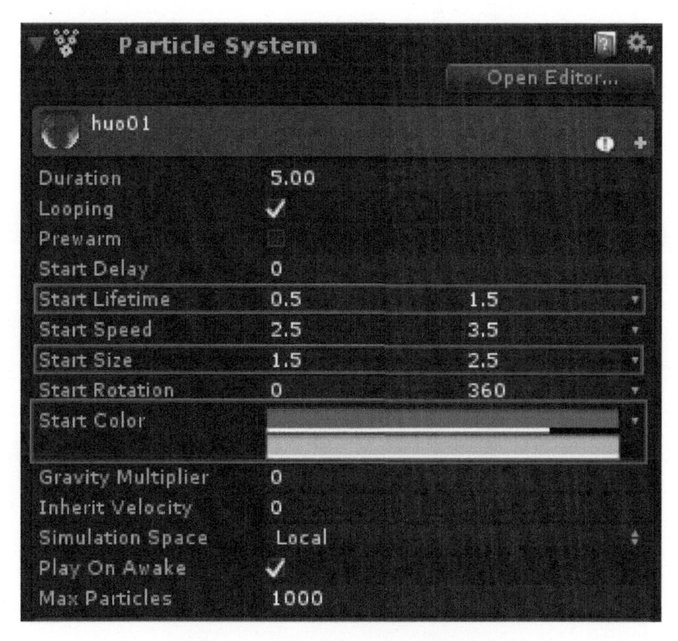

图2-118　粒子初始化模块设定

（11）粒子的数量偏少，使粒子之间有较大的空缺，因此需要增加粒子的数量。选择Emission发射模块，将Rate（发射速率）参数值设为20（图2-119）。

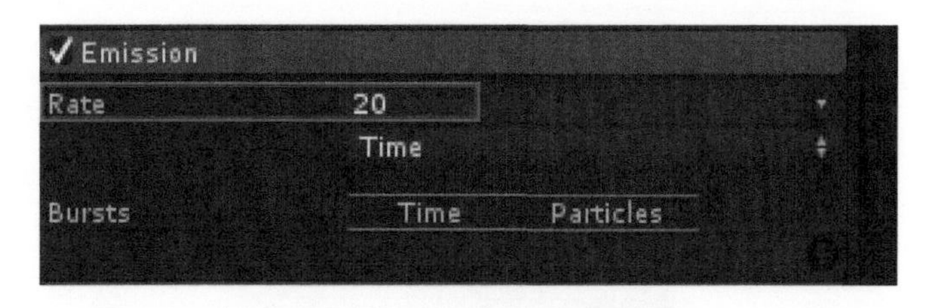

图2-119　发射速率参数设置

（12）火焰的粒子比较生硬，为粒子添加渐入渐出的效果。选择Color over Lifetime Module（生命周期颜色模块），点击打开弹出颜色渐变条，调整颜色渐变条上面的标记，添加两个新的标记，两端的标记处的Alpha值为0（即透明），中间的两个标记的Alpha值为255（即不透明）；调节颜色渐变条下方的颜色标记，在两端的标记处添加火焰的颜色，粒子将随着时间的变化从一个颜色变化到另一颜色（图2-120）。

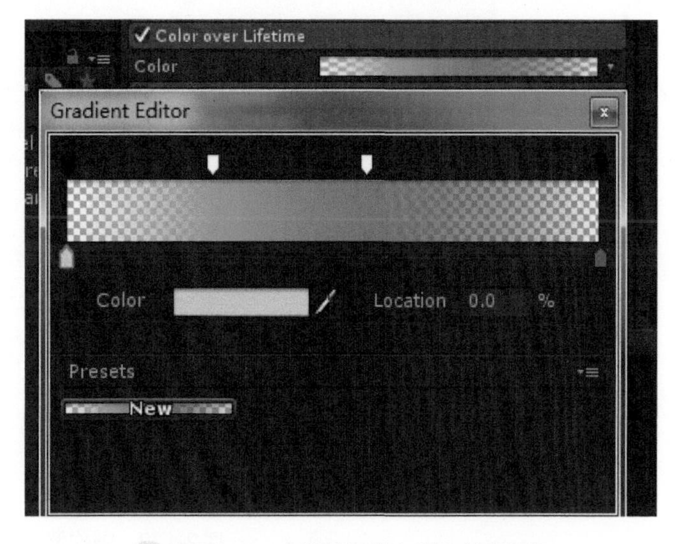

图2-120　火焰粒子渐入渐出效果添加

（13）增加火焰的动态，使火焰更加自然，选择Rotation over Lifetime（生命周期旋转）模块，单击Angular Velocity（速度旋转）右侧的下三角按钮，在下拉列表中选择旋转速度的变化方式为Random Between Two Constants

（在两个常量值之间随机选择），两个常量值设定为20和60，火焰粒子在20～60之间随机选择（图2-121）。

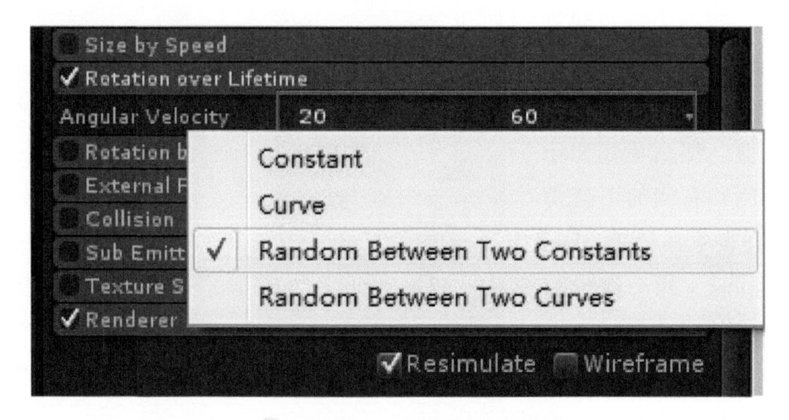

图2-121　火焰动态设置

（14）调整好火焰后，制作篝火中的烟，可以使用调整好的火焰粒子更改成烟粒子。选中“huo01”粒子，按键盘Ctrl+d复制一个粒子，将复制出来粒子的粒子系统命名为“yan”并更换粒子的材质贴图，同上文的方法在材质选择对话框中选择yanhuo_00002材质球（图2-122）。

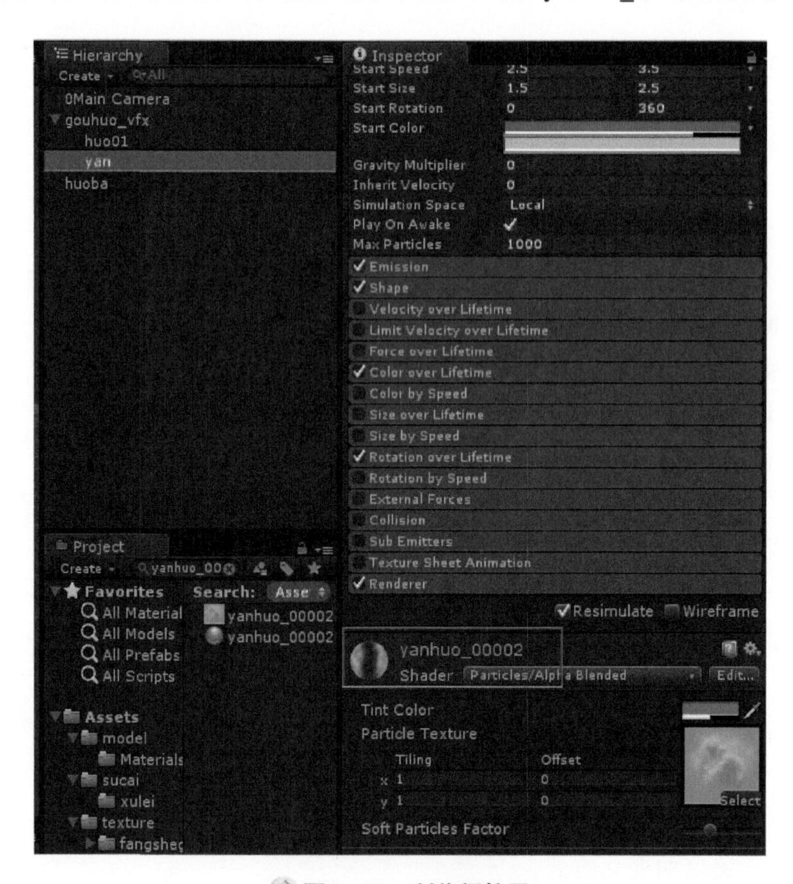

图2-122　制作烟粒子

（15）当火焰燃烧的烟在生成时比较小，渐渐的有飘散开的效果。需要调节粒子在生命周期的大小。选择Size over Lifetime（生命周期粒子大小）模块，对Size（粒子的大小）选择Curve曲线数值的变化方式，在曲线编辑器中调节曲线的形状（图2-123）。

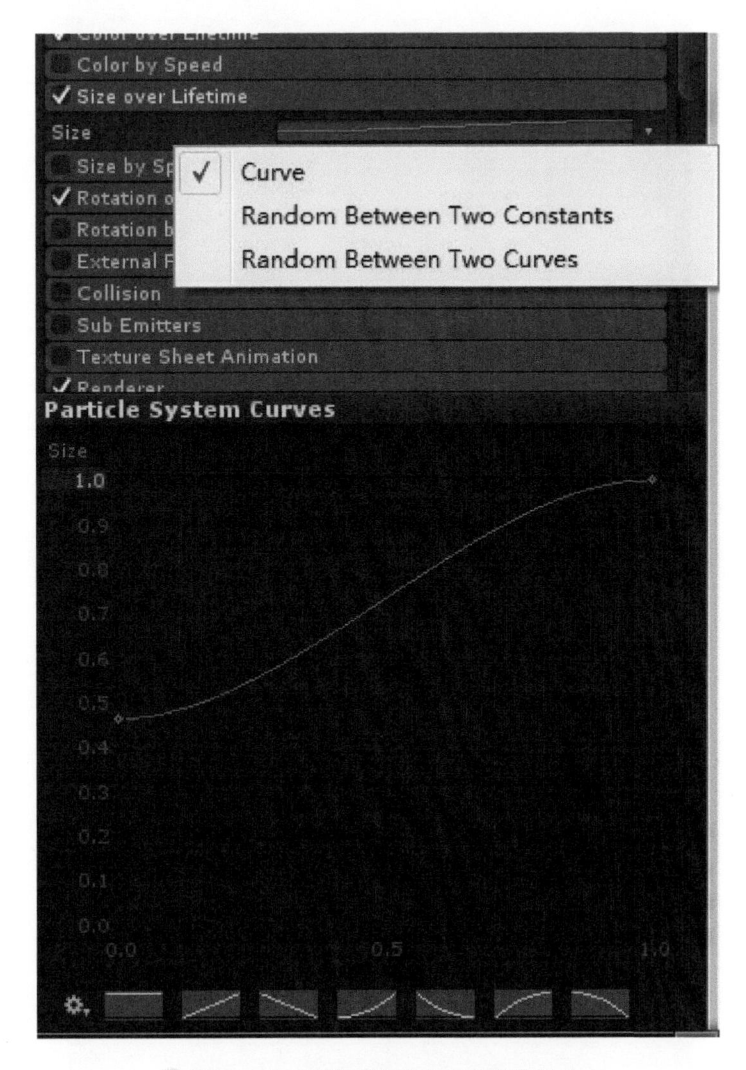

图2-123　调整烟粒子在生命周期的大小

（16）调整烟的参数。设定Start Speed（初始速度）的值为在1.5和2.2两个常量间随机取值。由于上文调整了粒子在生命周期中由小变大，则将粒子的初始大小进一步调整，设定烟粒子的初始大小在2.7和4.5之间随机取值并调节粒子的初始颜色（图2-124）。

（17）烟的颜色是由火焰的颜色过渡到黑色，可以通过Color over Lifetime（粒子生命周期的颜色）模块调节，选择该模块并打开，单击颜色渐变条弹出渐变编辑器更改渐变颜色（图2-125）。

（18）当选择烟粒子时，火焰的粒子是静止不动的。为方便观察篝火的形态，可以将烟粒子拖到火焰粒子下成为火焰粒子的子粒子。选择火焰粒子，则两个粒子一起运动（图2-126）。

yan

Duration	5.00	
Looping	✓	
Prewarm		
Start Delay	0	
Start Lifetime	1.5	2.2
Start Speed	2.5	3.5
Start Size	2.7	4.5
Start Rotation	0	360
Start Color		
Gravity Multiplier	0	
Inherit Velocity	0	
Simulation Space	Local	
Play On Awake	✓	
Max Particles	1000	

图2-124　调整烟的属性参数

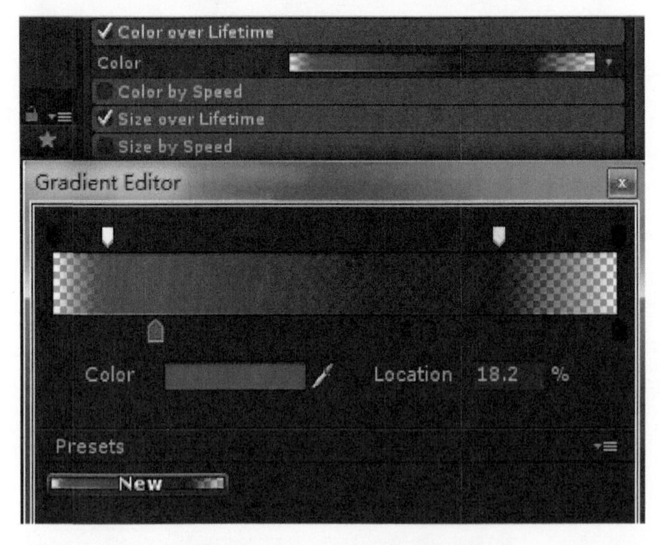

图2-125　调整烟的颜色

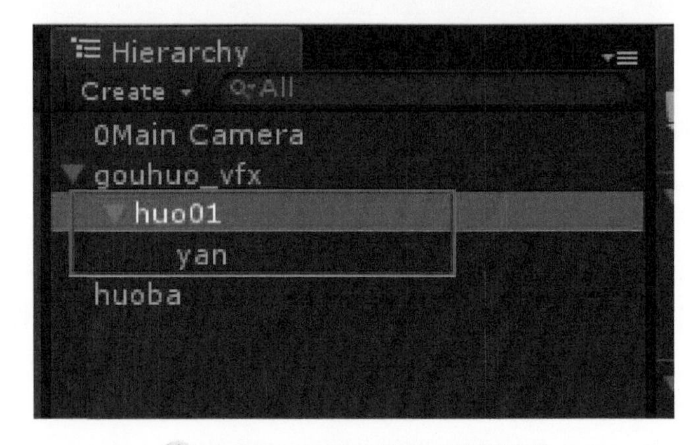

图2-126　同步火焰粒子和烟粒子

当两粒子一起运动时，可以发现粒子不停地闪烁，这是由于两个粒子系统的绘制顺序相同。可以选中huo01粒子在Renderer渲染模块中调整参数Sorting Fudge的值为–10，这样火焰粒子将先被绘制（图2-127）。

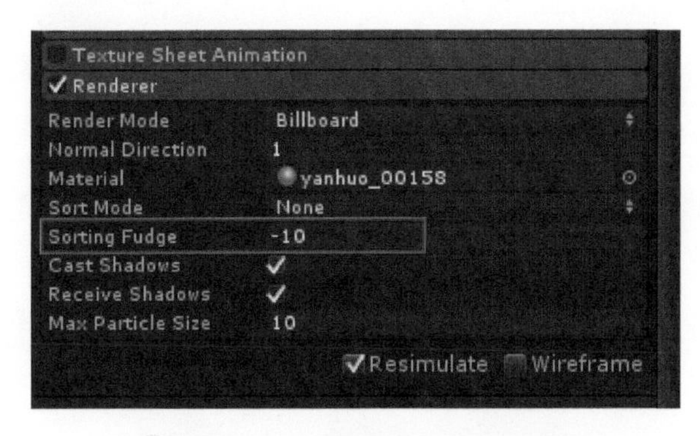

图2-127　调整两粒子的绘制顺序

（19）采用同样的方法制作火星。再复制一个火焰粒子并名为“huoxing”，更改它的材质球为“lizi_00015”，粒子的Start Lifetime（生命周期）在1～2之间取值；Start Speed（初始速度）的两个恒量值为3和5；Start Size初始的大小设定为0.1和0.35；调节粒子的Start Color初始颜色（图2-128和图2-129）。

图2-128　制作火星粒子

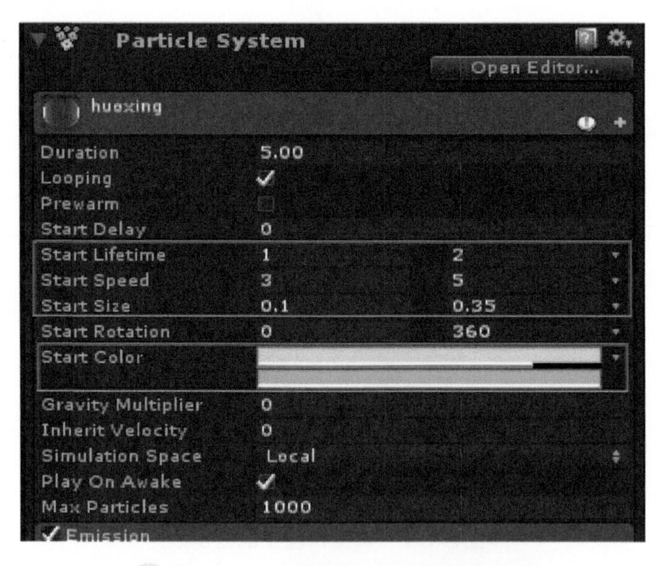

图2-129　火星粒子初始化模块设置

（20）火星是有一定角度地四散，所以需要调节粒子发射器的形状。单击打开Shape（形状）模块，调整发射器的Angle（锥体角度）值为30，Radius（半径）值为0.2（图2-130）。

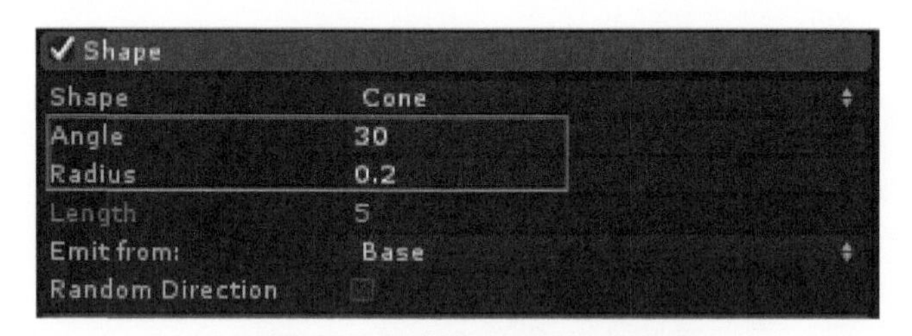

图2-130　火星粒子发射器形状调节

（21）由于火星是细长条状，所以Render Mode（渲染方式）更改为Stretched Billboard（拉伸公告板）模式，调整Length Scale（宽度缩放）值为2，并将Sorting Fudge的值更改为–20（图2-131）。

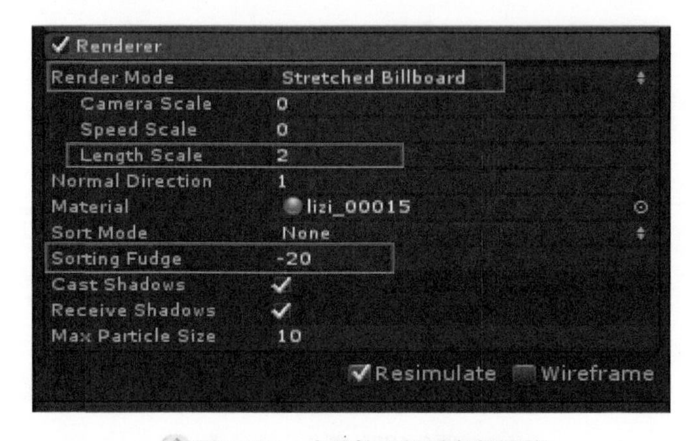

图2-131　火星粒子材质参数调整

（22）最后调整Color over Lifetime（粒子生命周期的颜色模块）和Size over Lifetime（生命周期粒子大小模块）的参数，使火星粒子更加自然（图2-132）。

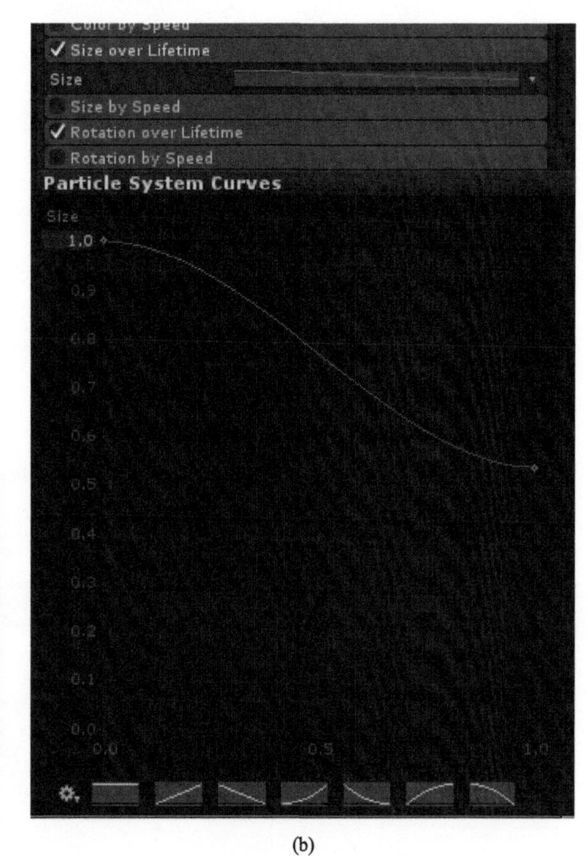

(a)　　(b)

图2-132　火星粒子生命周期颜色及大小模块调整

注

如需要火星有不规则的运动，可以为火星粒子添加Velocity over Lifetime（生命周期速度），参数如图2-133所示。

图2-133　火星粒子的生命周期速度设定

（23）篝火的效果完成，最终效果如图2-134所示。

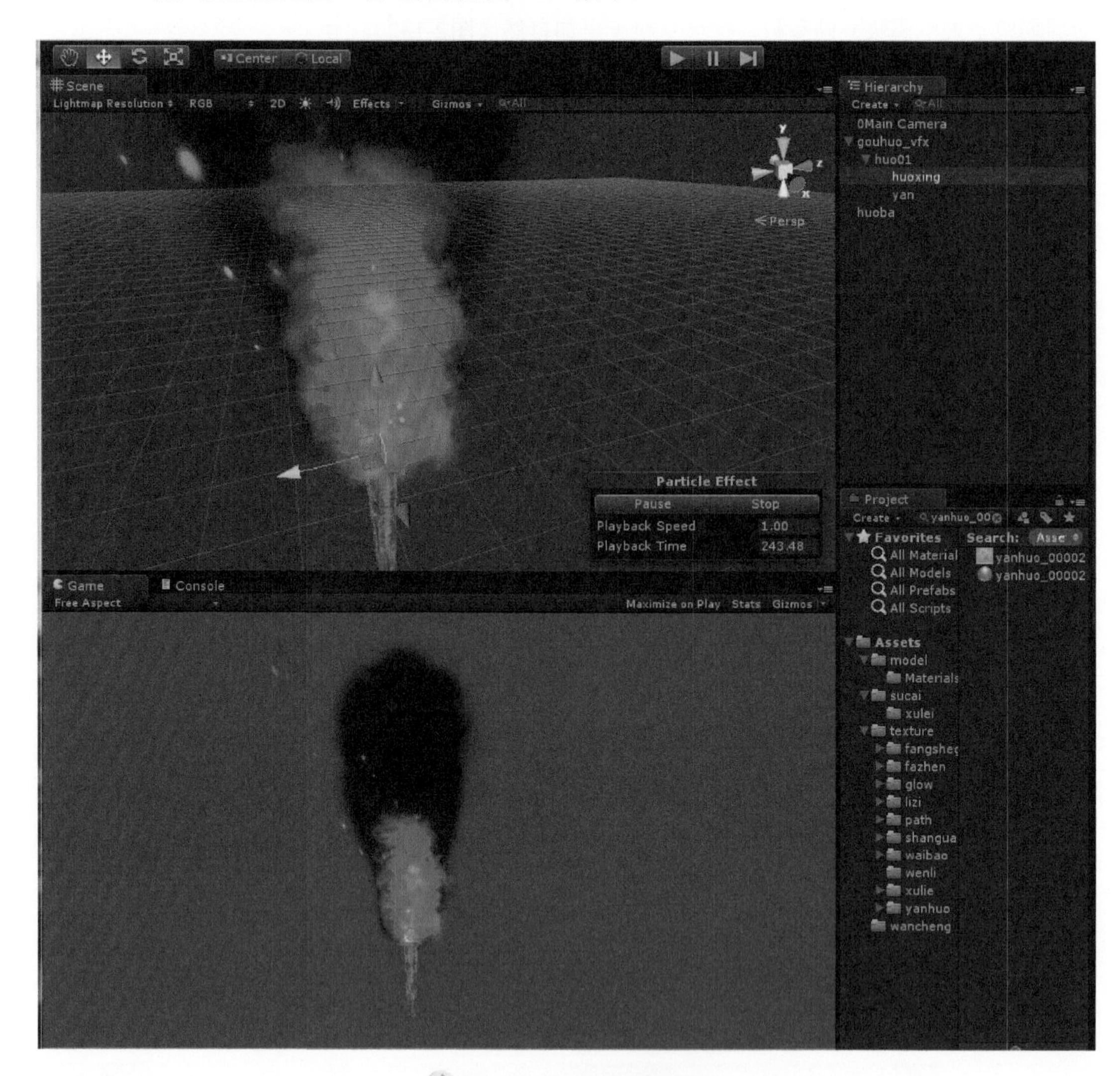

图2-134　篝火最终效果

3.1 游戏中武器的特效分类及设计

武器虽然只是一种基本的游戏道具，但它在游戏中的作用却非常重要。

第一，武器可以提升玩家的攻击、防御、法力等属性，是玩家能够提升各种能力，从而得到快乐和满足的游戏体验，比如一把普通的斧头，镶嵌了红色的宝石，就会附加火焰属性，它的攻击就具有了火焰伤害的魔法属性。

第二，武器可以不断地提高自身的属性，比如通过附魔、锻造、镶嵌等各种人工手段，添加不同的属性，从而提高武器的品质。能够促使玩家们不断地提高技能和积累财富，来满足对武器的提升要求。

第三，游戏中的武器造型独特，款式丰富，再加上绚丽的特效，深深地吸引玩家去收集；有一些强大的武器，需要完成极其复杂的任务或者战斗才能获得，使得许多玩家为了获取这些武器，不得不想尽一切办法来完成任务或战斗。其过程无比艰苦，不过一旦成功，并获得这些武器，那种天下无敌的成就感，能够让玩家产生无比的满足。

总之，武器虽小，但在游戏中的重要性不言而喻。因此，在大型网络游戏开发过程中武器一般作为一个独立系统进行开发，是非常复杂、也是非常重要的一个制作环节。

游戏中武器特效可以分为两种类别。

（1）武器自身魔法属性的表现

游戏中的部分武器自身就具有魔法属性或五行属性的颜色，例如，水属性的武器表面具有蓝色光晕，火属性为红色光晕，土属性为黄色光晕等；另外光属性武器的代表颜色是白色，风属性是青色，毒属性表现为墨绿色，自然属性表现为浅绿色，等等。这些武器自身的属性特效除了点缀装饰作用之外，还起到一种标识作用，即玩家看到武器的特效，就能猜到武器的基本魔法属性。

（2）挥动武器的特效

主要表现在武器攻击或施法时的效果。这一类的特效表现比较夸张和炫目，因为要通过这些特效来衬托武器攻击力的强大，因此制作也相对复杂。

3.2 武器自身特效制作（火属性特效）

（1）打开Unity，选择菜单栏File→New Scene新建一个Scene场景，将Model（模型）文件夹中的武器模型“wuqi”导入Hierarchy视图中，可以在Scene视图中调整武器和摄像机的角度，并按住键盘Shift+Ctrl+F键，使Game视图与Scene视图调整为同样的摄像机角度（图3-1）。

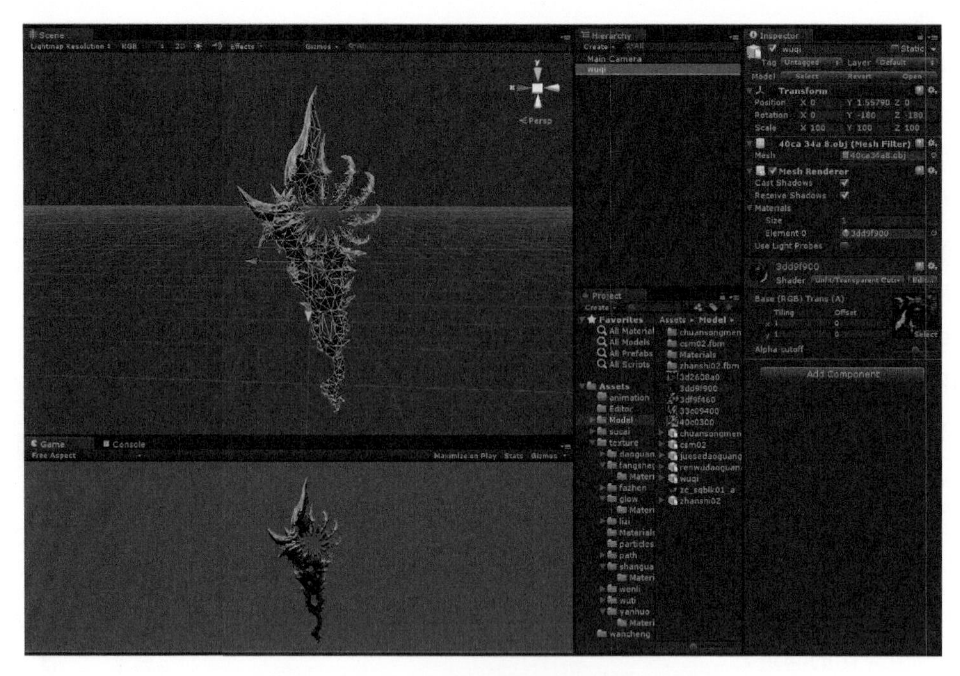

图3-1　导入武器模型并调整摄像机角度

（2）打开菜单栏中Game Object→Create Empty选项，建立一个空物体并命名为“vfx_wuqi”，并将武器模型拖到vfx_wuqi物体里（图3-2）。

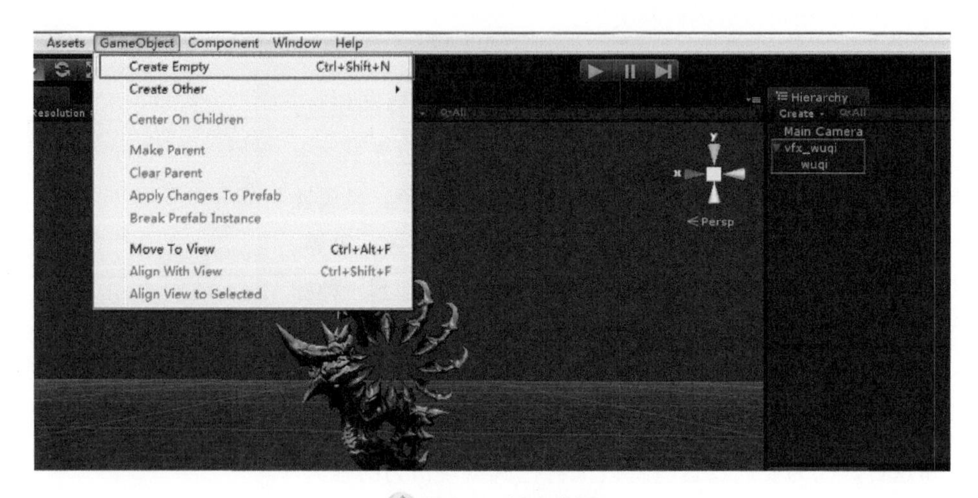

图3-2　创建武器

（3）根据武器的模型和属性确定武器特效样式、颜色。通过对模型的观察，确定需要制作火属性的特效。

（4）首先为武器创建一个主体即火属性的宝石，将武器中间的空缺填补完整。单击菜单栏中GameObject→Create Other→Particle System选项，在场景中新建一个粒子并将粒子并命名为“baoshi”放到“vfx_wuqi”下（图3-3）。

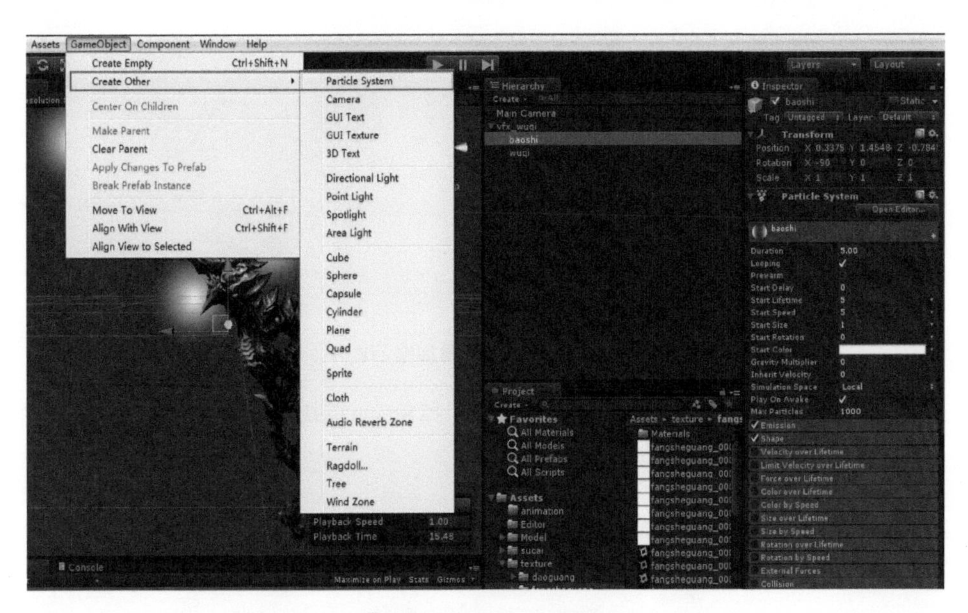

图3-3　创建宝石粒子

在Inspector视图中，baoshi粒子的Transform模块上的下三角符号上单击右键，弹出修改列表，选择Reset Position将粒子的位置归零（图3-4）。

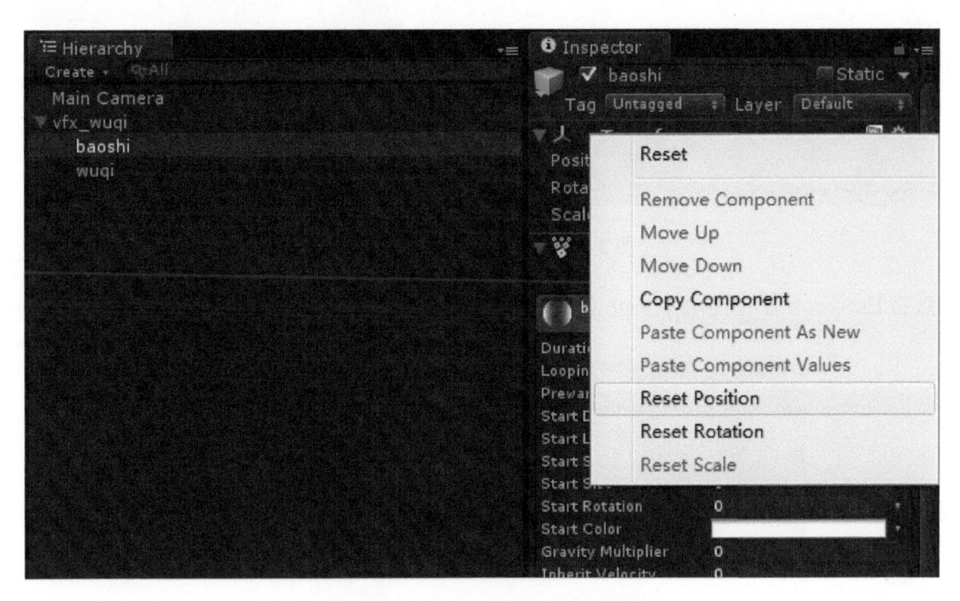

图3-4　将宝石粒子位置归零

然后在其归零后将粒子拖到武器宝石的位置（图3-5）。

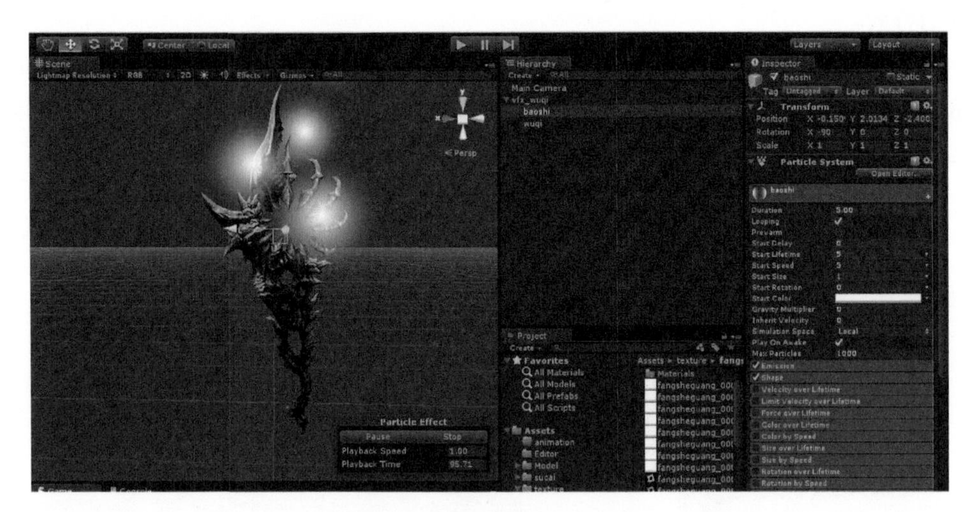

图3-5　为武器添加宝石粒子

（5）调节宝石粒子的属性参数。方法：首先勾掉Shape模块，关闭粒子发射器默认的发射范围，使发射器以点的方式发射（图3-6）。

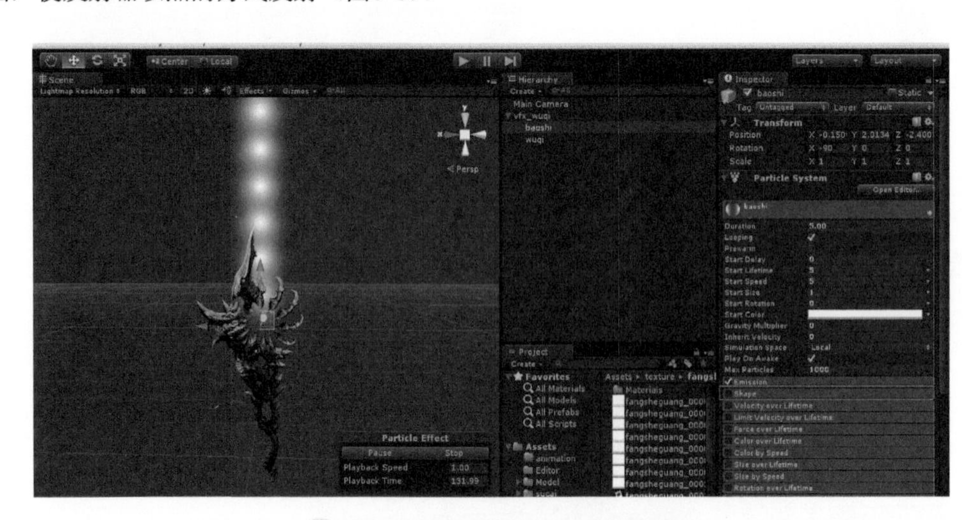

图3-6　调节宝石粒子的发射范围

然后将Emission发射模块中Rate调整为100，这样粒子生命更新得非常快（图3-7）。

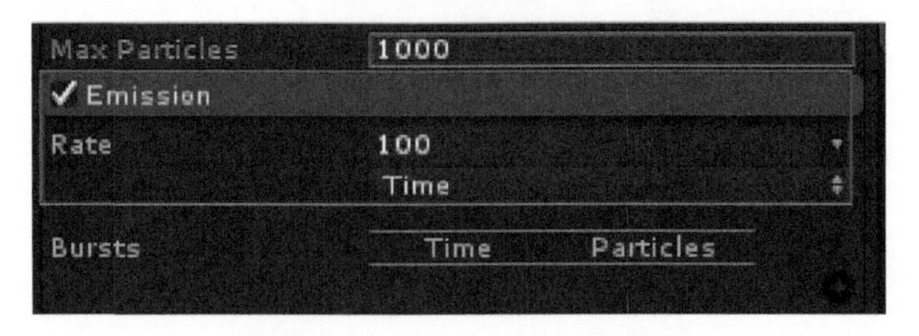

图3-7　宝石粒子发射速率设定

（6）单击初始化模块的标签，设定Start Lifetime（生命周期）为2，Start Speed（初始速度）为0，Start Size（初始大小）为1，Max Particle（最大粒子数）为2（图3-8）。

（7）设置粒子的材质。在Inspector视图中单击Renderer模块标签，再单击Material属性右侧的圆圈按钮，在弹出的材质选择对话框中选择材质球“wuti_00157_3”（图3-9），材质球的制作方法前例已经讲解过这里不再重复。

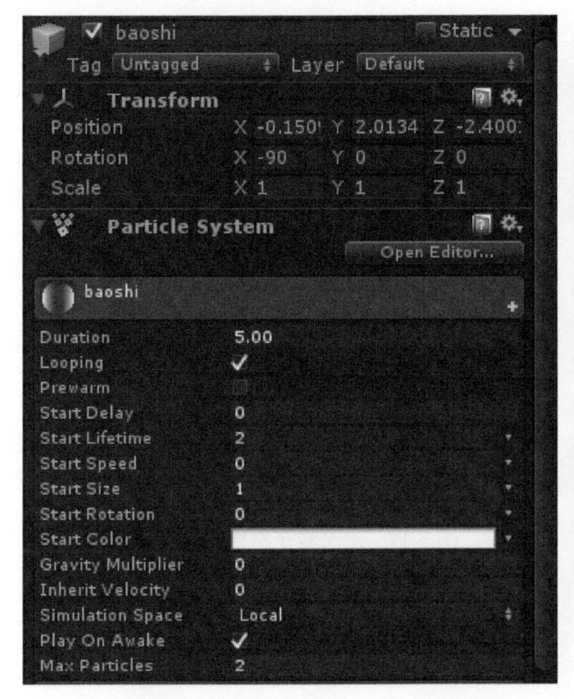

图3-8 宝石粒子初始化模块设定

图3-9 宝石粒子材质设置

（8）设置材质后，发现粒子的初始大小偏大，因此调整Start Size（初始大小）为0.4（图3-10），宝石粒子制作完成。

（9）需要在宝石粒子周围增加一些流动的效果。选择baoshi粒子复制一个新粒子，命名为“baoshi02”（即流光粒子）。选择Renderer模块，单击Material属性右侧的圆圈按钮，在弹出的材质选择对话框中选择材质球“wenli_00082_3”（图3-11）。

（10）调整粒子初始化模块的属性参数。单击初始化模块的标签，设定Start Lifetime（生命周期）为2，Start Speed（初始速度）为0。单击Start Size（初始大小）右侧的下三角按钮，在下拉列表中选择Size值的变化方式为Random Between Two Constants（两个常数随机选择），两个常数值设为1.2和1.5，这样粒子的大小就为随机值了；同理设定Start Rotations（初始旋转）的值为在0和360两个常数之间随机取值；Max Particles（最大粒子数）为1000（图3-12）。

（11）Emission模块的参数设置。将Rate（发射速率，即每秒粒子数量）参数值调整为8（图3-13）。

（12）Color over Lifetime模块的参数设定。单击Color参数右侧的颜色条，在弹出的渐变编辑器中编辑渐变颜色和透明度（图3-14）。

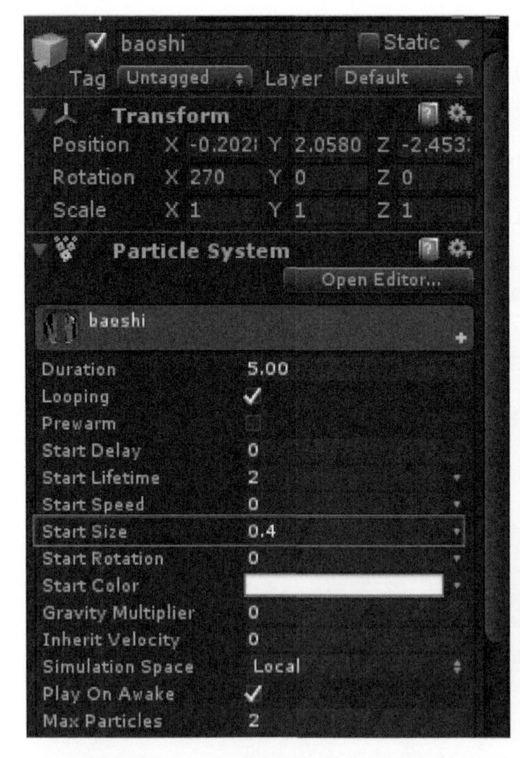

图3-10　宝石粒子初始大小调整

图3-11　流光粒子材质及参数设定

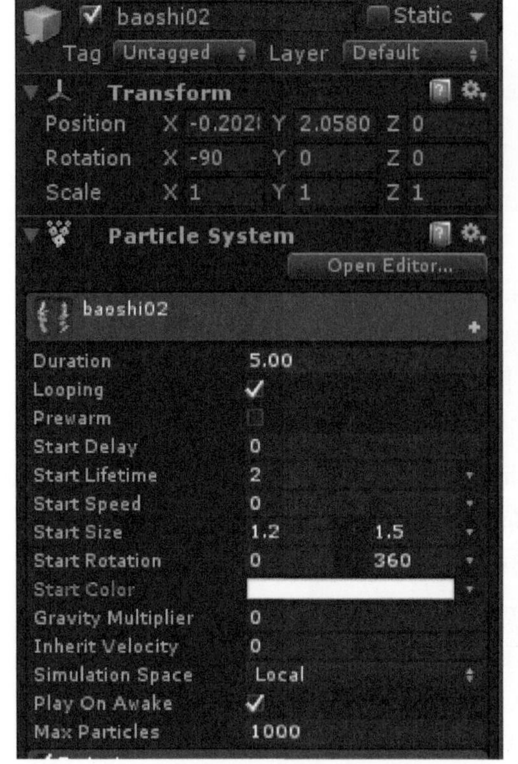

图3-12　流光粒子初始化模块的属性参数调整

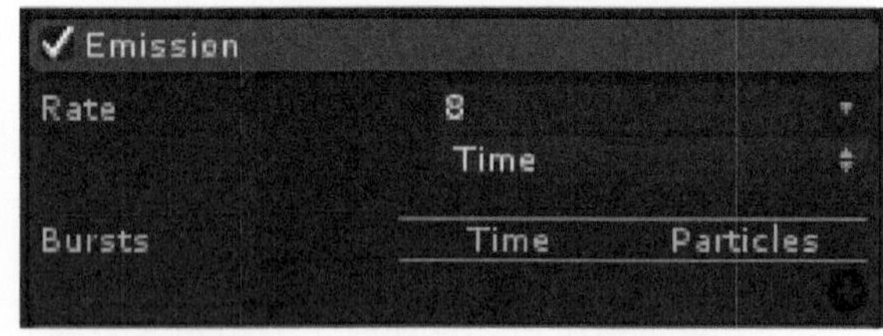

图3-13　流光粒子的发射速率设定

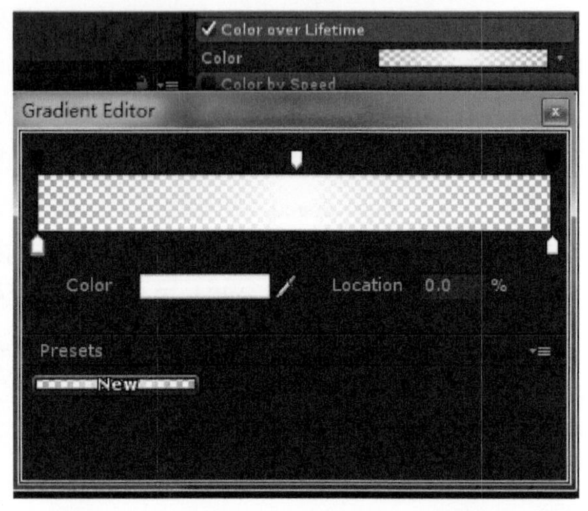

图3-14　流光粒子生命周期颜色模块参数设定

（13）Size over Lifetime模块的参数设定。勾选Size over Lifetime（生命周期粒子大小模块），单击Size参数右侧的曲线条框，在Particle System Curves（曲线编辑器）中编辑粒子的大小曲线（图3-15）。

（14）武器是火属性，粒子的颜色偏红色。选择初始化模块，单击Start Color（初始颜色）右侧的下三角按钮并在下拉列表中选择Random Between Two Colors（两个纯色随机选择），让粒子的颜色在两个纯色中随机选择，两个颜色的参数（图3-16和图3-17），流光最终效果完成（图3-18）。

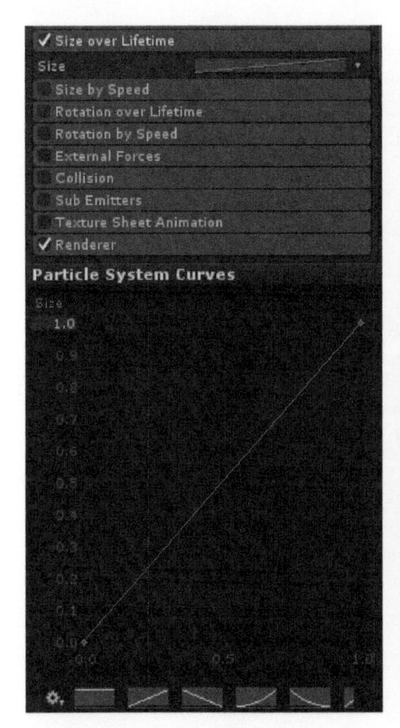

图3-15 流光粒子生命周期大小模块参数设定

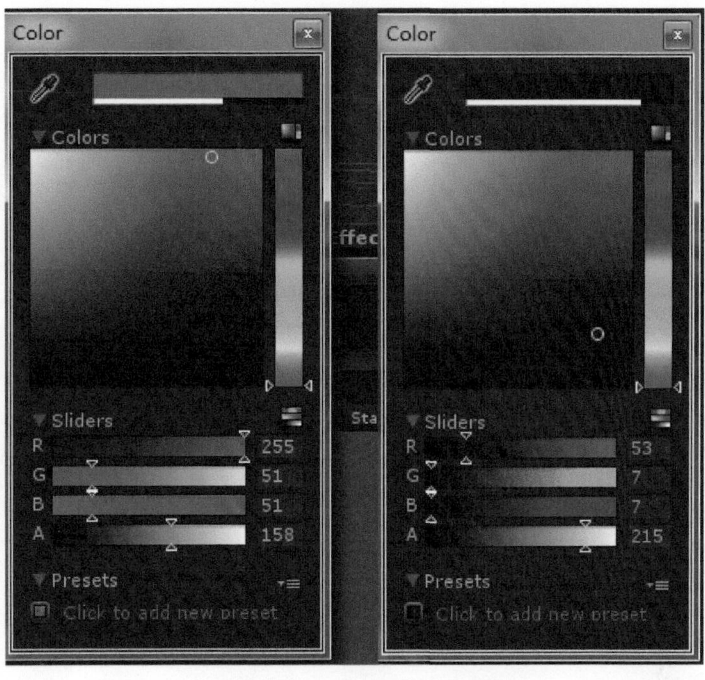

图3-16 流光粒子颜色选择

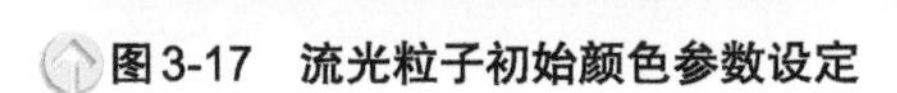

图3-17 流光粒子初始颜色参数设定

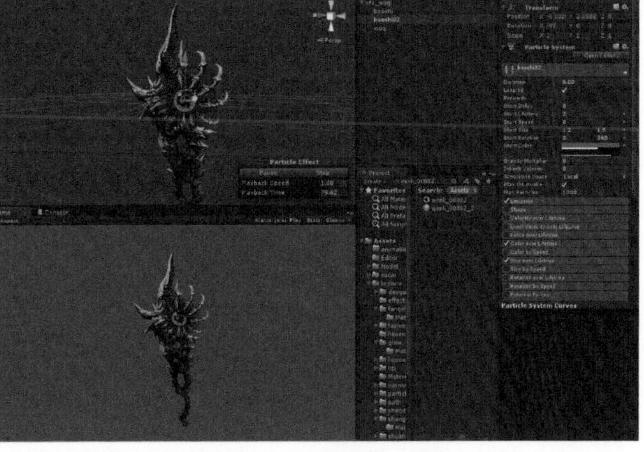
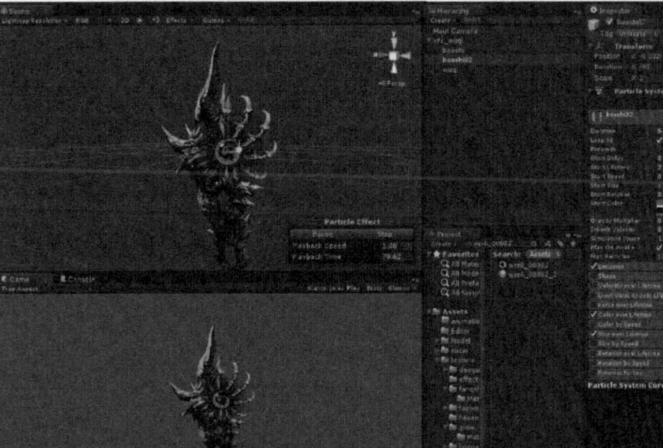

图3-18 流光最终效果

（15）为宝石增加一层向外的光晕。选择baoshi02粒子复制一个新粒子，重命名为glow01。在Renderer模块中将材质球调整为“glow_00011”，需要使glow01粒子的层级在宝石的层级之前，因此设置Sort Fudge（排序矫正）参数值为–50，然后将Max Particle Size（最大粒子大小）更改为5，避免缩放视图时粒子大小发生相对视图的改变（图3-19）。

（16）各模块的调整步骤和方法基本相同，下面简单介绍需要调整的粒子模块的参数。初始化模块和Emission模块的参数调整如图3-20所示。

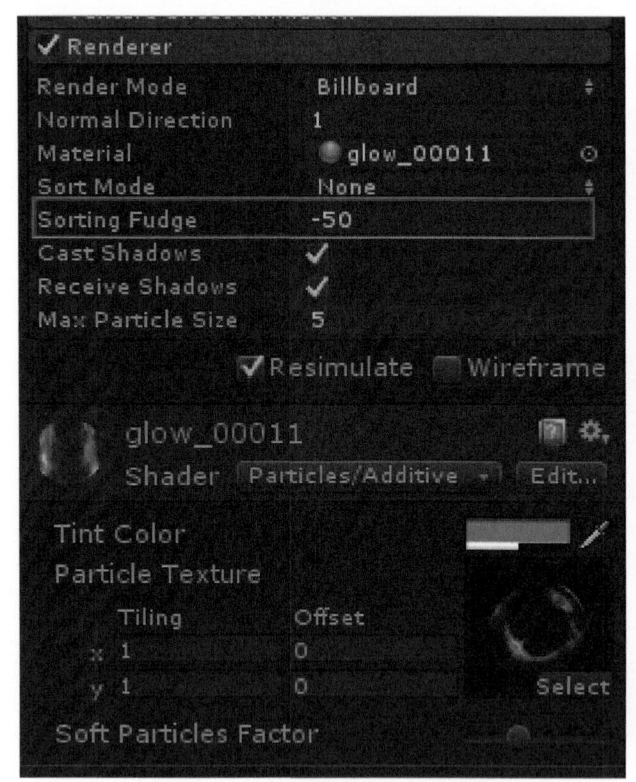

图3-19　光晕粒子材质及参数设定

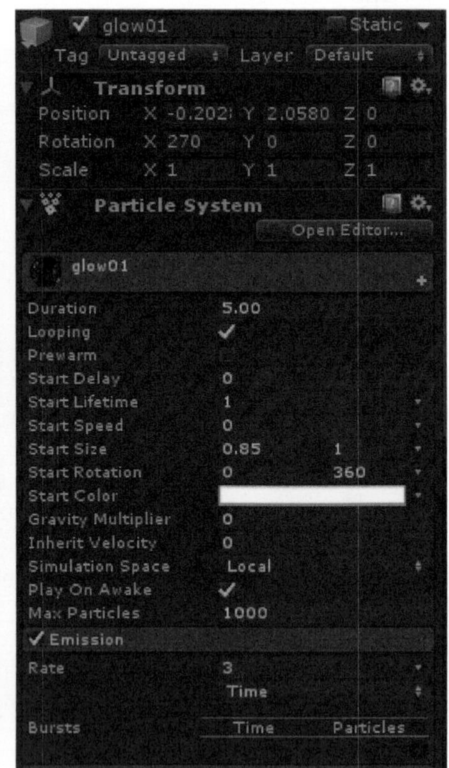

图3-20　光晕粒子初始化模块和发射模块的参数调整

Color over Lifetime模块和Size over Lifetime模块的参数调整如图3-21所示。

（17）由于武器是火属性的武器，需要在宝石的周围添加一些火焰。当武器移动时产生火焰拖尾效果。选择baoshi02粒子复制一个新粒子，命名为“fire01”，在Renderer模块中将材质球设置为“xulie_fire057_4x4”，Sorting Fudge（排序矫正）参数值设为–20（图3-22）。

（18）由于xulie_fire057_4x4材质球的贴图是一张序列，因此需要勾选Texture Sheet Animation（序列帧动画纹理）模块，设置Tiles的参数值X为4，Y为4（图3-23）。

（19）火焰应该是围绕在武器的周围，因此勾选Shape模块，点击打开该模块。单击Shape（发射器形状）右侧的下三角按钮，在下拉列表中选择Sphere（球形发射器），设定Radius（半径）值为0.6，勾选Emit from Shell（从外壳发射粒子）和Random Direction（粒子随机方向）（图3-24）。

（20）初始化模块和Emission模块的参数调整如图3-25所示，武器的主体部分效果完成。

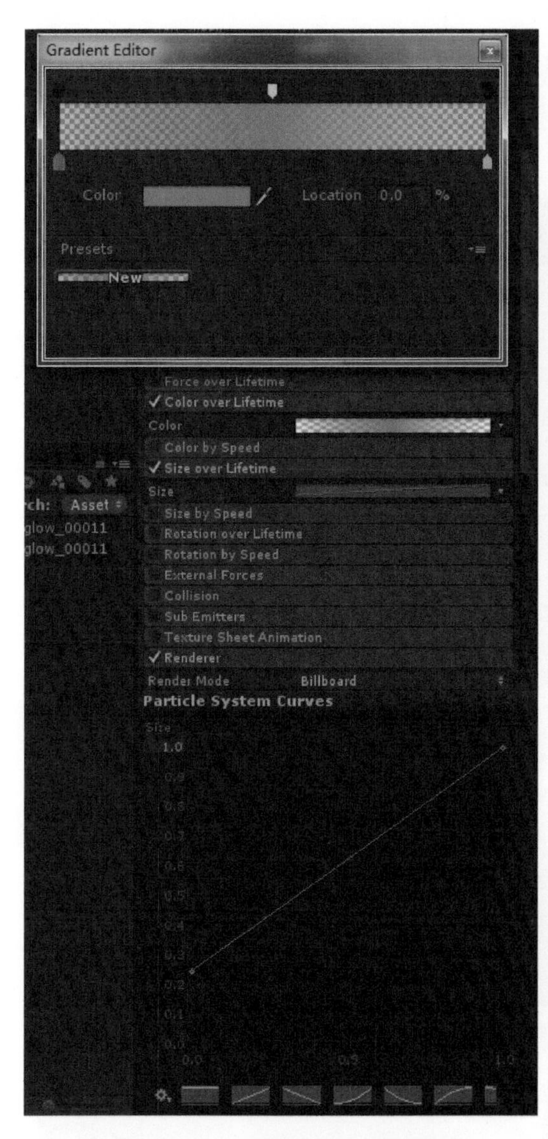

图3-21　光晕粒子生命周期颜色和大小模块的参数调整

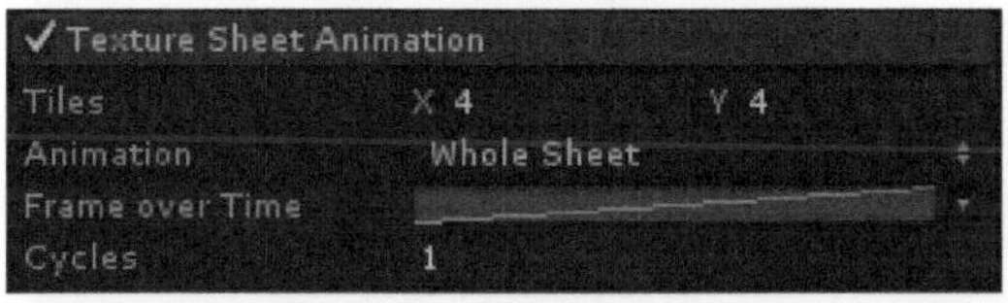

✓ Texture Sheet Animation
Tiles　X 4　Y 4
Animation　Whole Sheet
Frame over Time
Cycles　1

图3-23　火焰粒子序列帧动画纹理模块参数设定

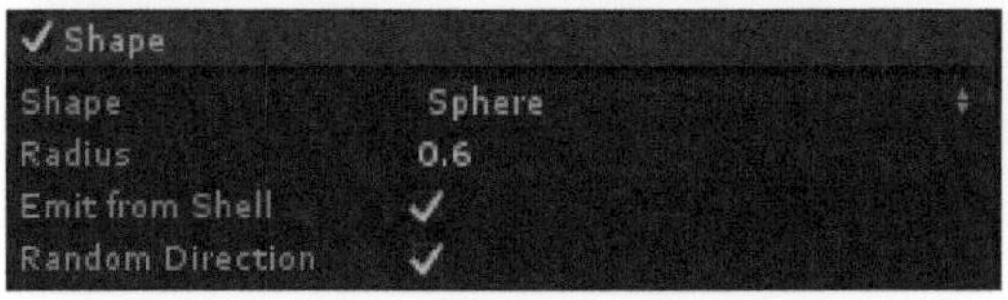

✓ Shape
Shape　Sphere
Radius　0.6
Emit from Shell　✓
Random Direction　✓

图3-24　火焰粒子形状模块参数设定

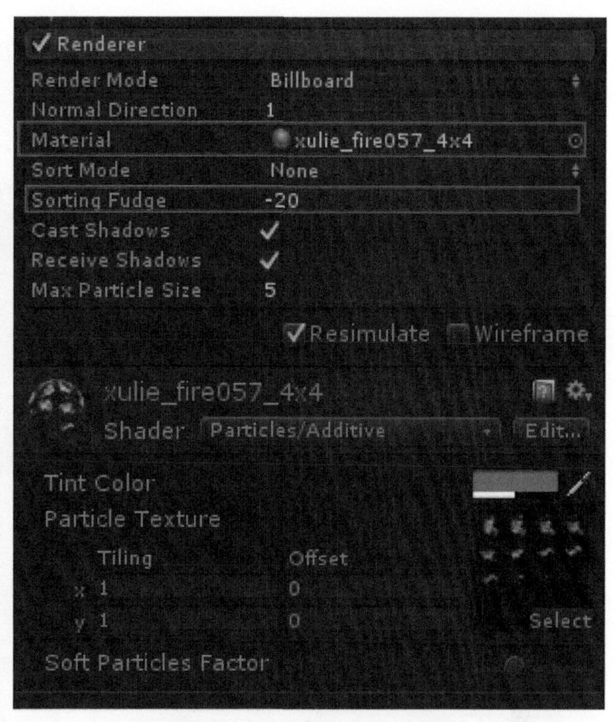

图3-22　武器周围的火焰粒子材质及参数设置

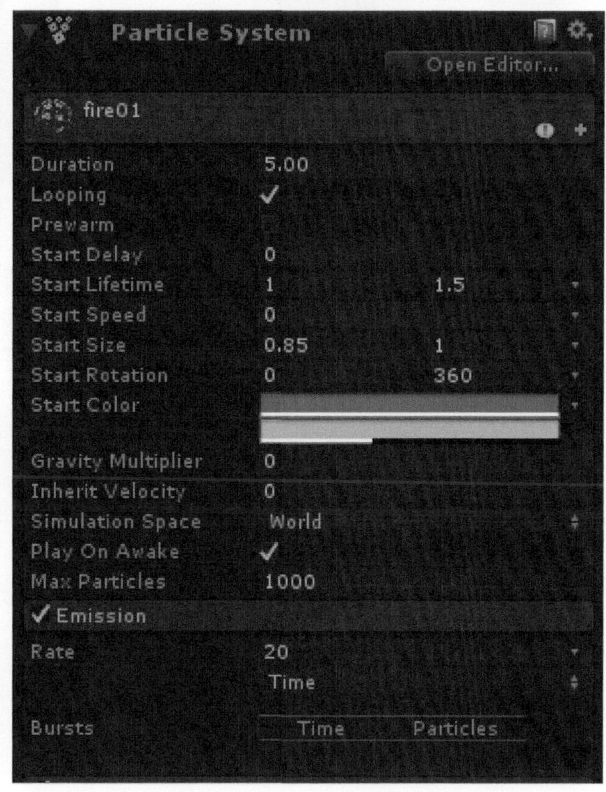

图3-25　火焰粒子初始化模块和发射模块的参数调整

（21）观察武器上有三个空洞，可以增加几个小的火球效果，使武器整体效果更华丽。各模块的参数如图3-26和图3-27所示。

（22）武器自身特效最终效果如图3-28所示。

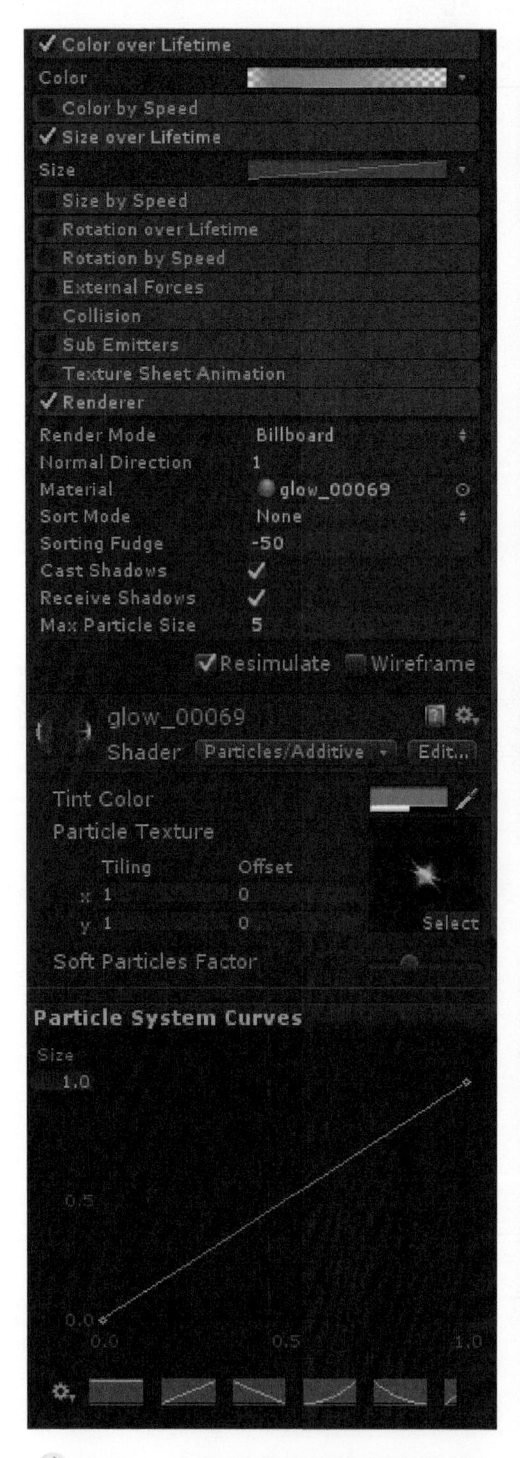

图3-26　火球粒子部分基本属性模块参数

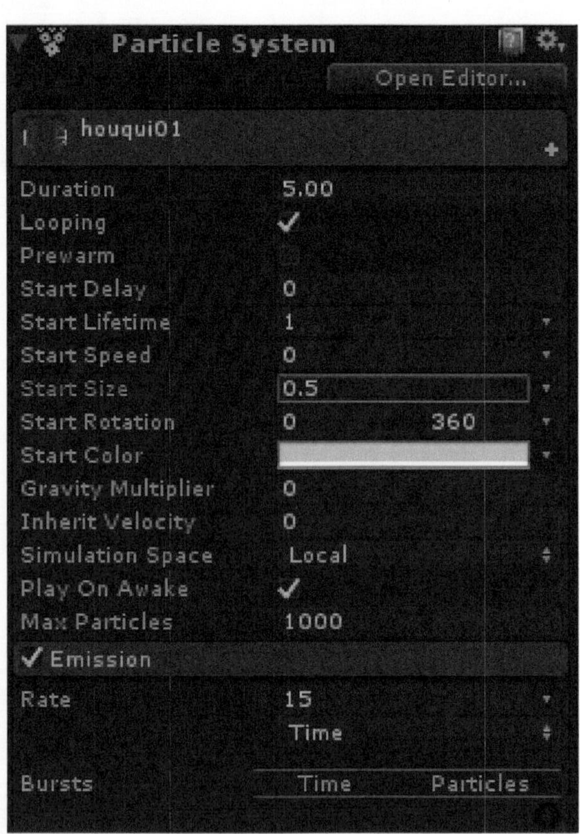

图3-27　火球粒子初始化模块和发射模块参数

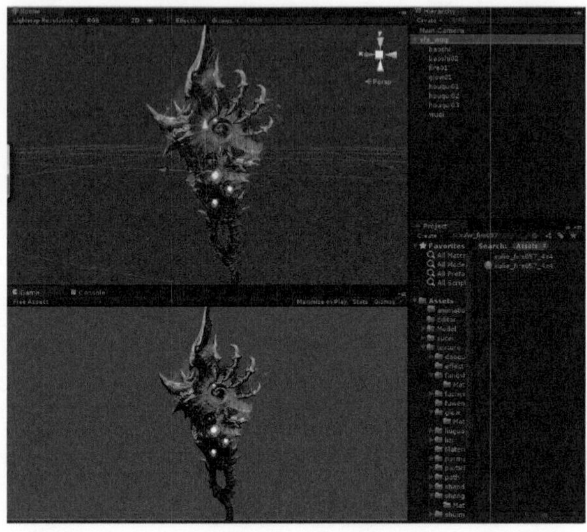

图3-28　武器自身特效（火属性特效）最终效果

3.3　武器挥动特效制作（刀光的制作）

（1）打开Unity，新建一个Scene场景，将Model（模型）文件夹中的人物挥刀动作renwudaoguang01导入Hierarchy视图中，调整摄像机角度（图3-29）。

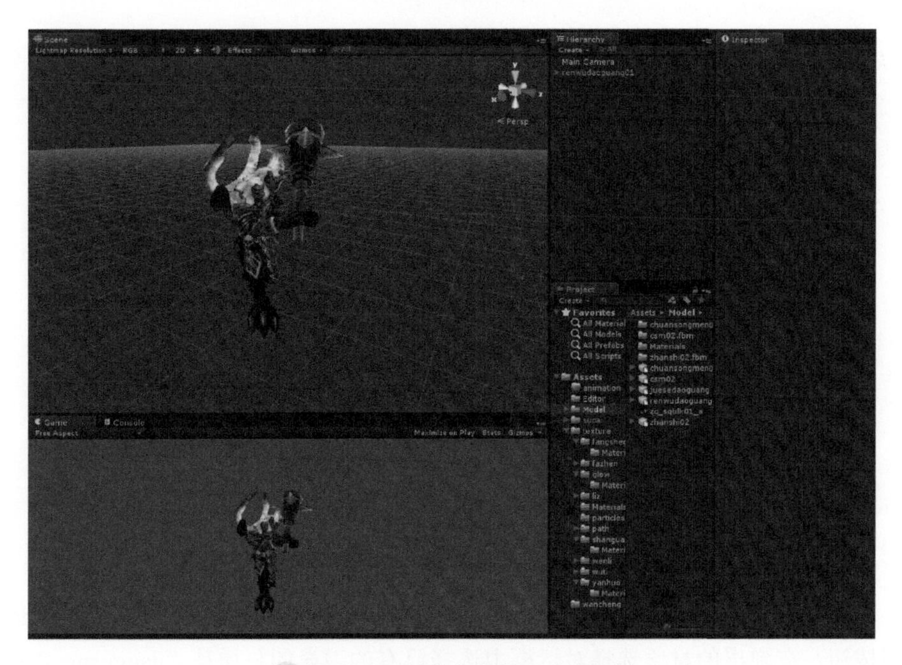

图3-29　创建人物挥刀动作场景

（2）单击视图上方的播放键，观察模型的动作。人物模型的自带动作并没有播放，因此在Model（模型）文件夹中选中renwudaoguang01文件，并将Rig（装备）栏目下的Animation Type（动画类型）改为Legacy（旧版），然后单击Apply（应用）确认（图3-30），再单击播放键播放人物动作。

图3-30　设定动画类型

（3）单击菜单栏中GameObject→Create Empty选项，建立一个空物体并命名为“vfx_daoguang”，并将动作模型拖到此物体里。然后单击菜单栏中GameObject→Create Other→Particle System选项，在场景中新建一个粒子并将粒子并命名为“daoguang01”，也拖到“vfx_daoguang”物体下。然后在Inspector视图中，daoguang01粒子的Transform模块上的下三角符号上单击右键，弹出修改列表，选择Reset Position将粒子的位置归零（图3-31）。

图3-31 创建刀光粒子

（4）设置粒子的材质。在Inspector视图中单击Renderer模块标签，再单击Material属性右侧的圆圈按钮，在弹出的材质选择对话框中选择已有的刀光的材质球“daoguang_00015”（图3-32），材质球的制作方法前例已经讲解过这里不再重复。

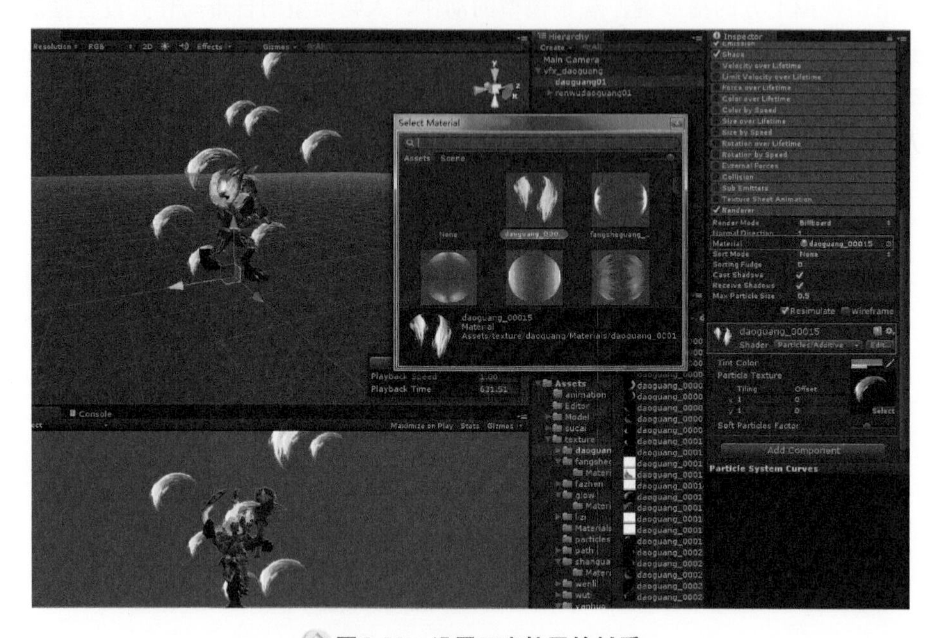

图3-32 设置刀光粒子的材质

（5）调整粒子的属性参数。单击初始化模块的标签，设定Start Lifetime（生命周期）为2，Start Speed（初始速度）为0，Start Size（初始大小）为5，Max Particle（最大粒子数）为2（图3-33）。

（6）Emission模块的参数设置。将Rate（发射速率，即每秒粒子数量）参数值设为0，单击Bursts（粒子爆发）右侧的加号，增加一个爆发点Time为0，Particles为10（图3-34）。为了方便观察粒子的动态，可以将初始化模块中Duration（持续时间）的值设定为1。

（7）武器的刀光是武器划过的轨迹产生的，应在同一位置发射，因此粒子的发射范围应设置0，去掉Shape（形状模块）前的勾选，关闭此模块，这样daoguang01粒子每次都在同一位置发射（图3-35）。

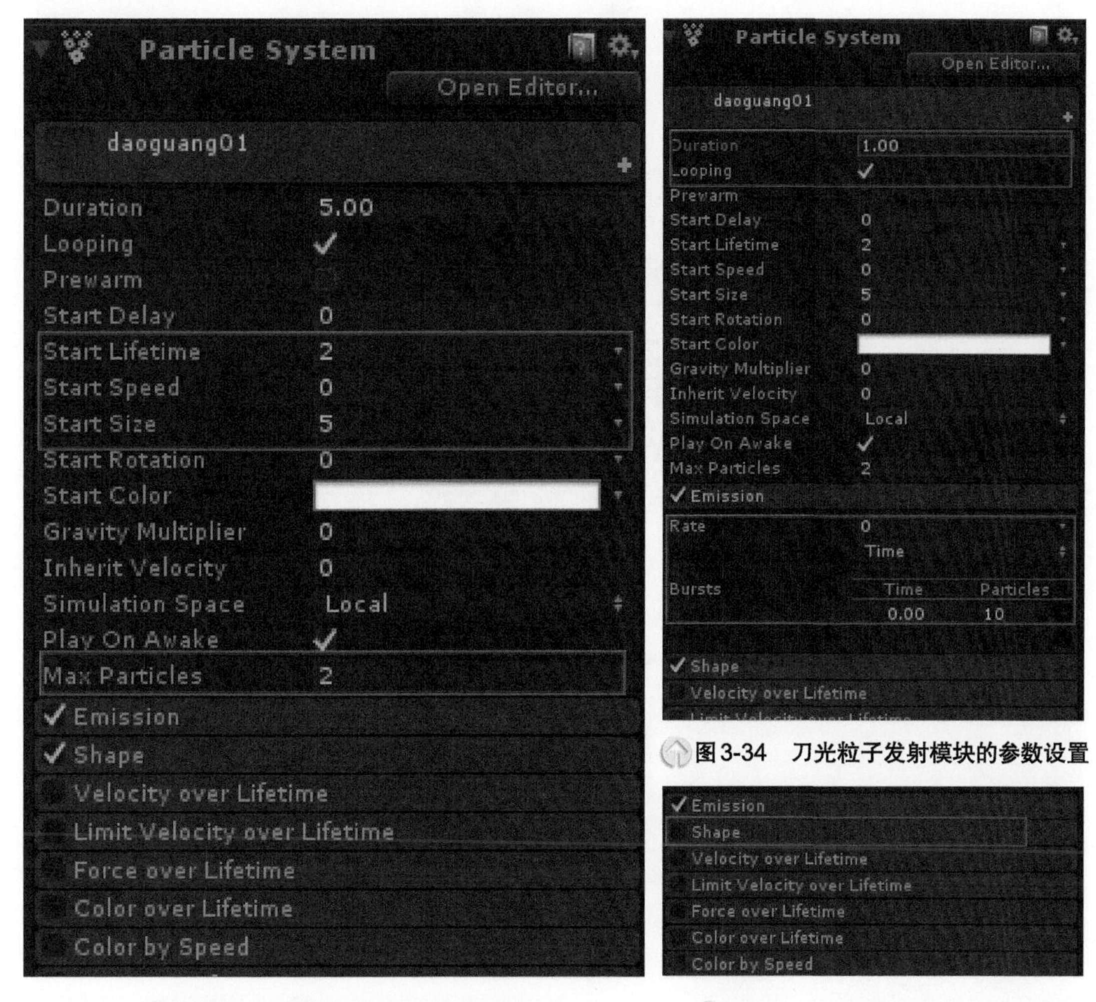

图3-34 刀光粒子发射模块的参数设置

图3-33 调整刀光粒子的属性参数

图3-35 刀光粒子发射位置设定

（8）设定Renderer模块的参数。当Render Mode（渲染方式）为Billboard（公告板模式）时粒子不受旋转的控制，因此要控制粒子按照武器划过的方向旋转，需要将渲染方式更改为Mesh（网格模式）。然后单击Mesh后的圆圈按钮，在弹出网格选择对话框中选择Quad

（图3-36），然后将Max Particle Size（最大粒子大小）更改为10，避免缩放视图时粒子大小发生相对视图的改变（图3-37）。

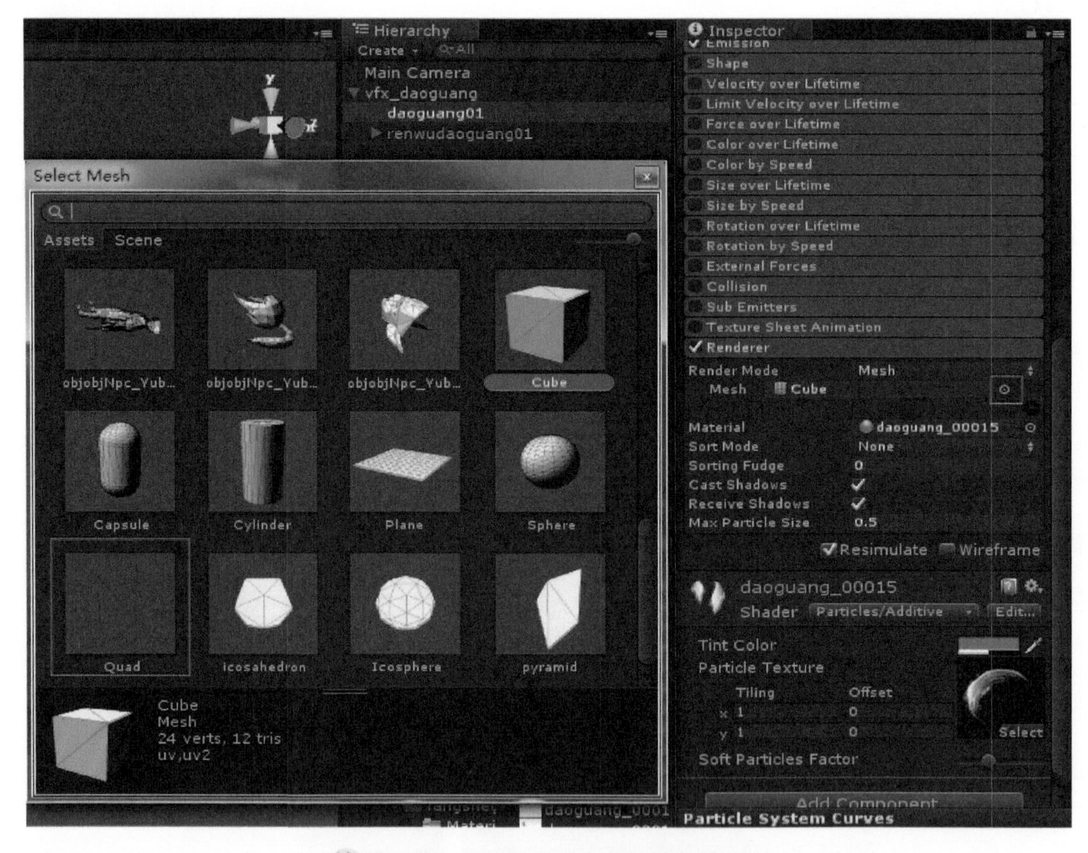

图3-36　刀光粒子渲染器模块参数设定

（9）观察武器刀光轨迹是一个圆弧，因此需要粒子旋转。勾选Rotation over Lifetime Module（生命周期旋转模块），调整Angular Velocity（粒子旋转速度）的参数值为1000（图3-38）。

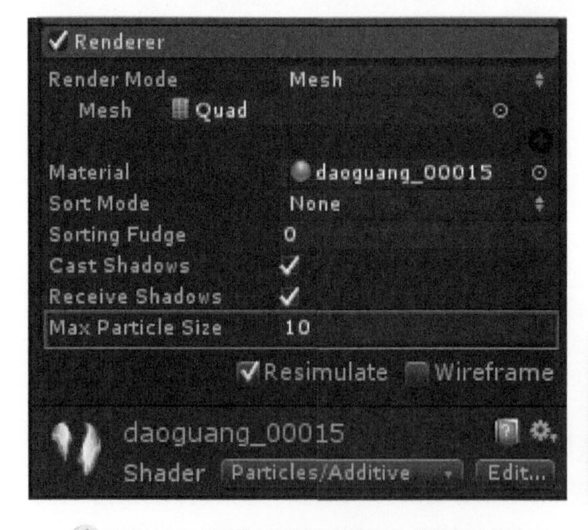

图3-37　调整刀光粒子的最大粒子大小

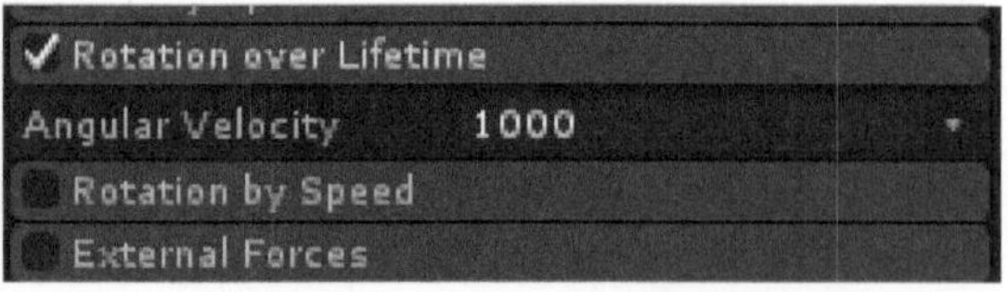

图3-38　刀光粒子旋转调整

（10）设定Color over Lifetime Module（生命周期颜色模块）参数值。勾选该模块，单击Color参数右侧的颜色条，在弹出的渐变编辑器中编辑渐变颜色及透明度（图3-39）。

（11）单击播放键，播放动作。人物在挥武器前有大约1s的准备动作，因此在初始化模块中将Start Delay（初始延迟）设定为0.97，同时发现粒子的生命周期太长，故Start Lifetime（生命周期）调整为0.25（图3-40）。

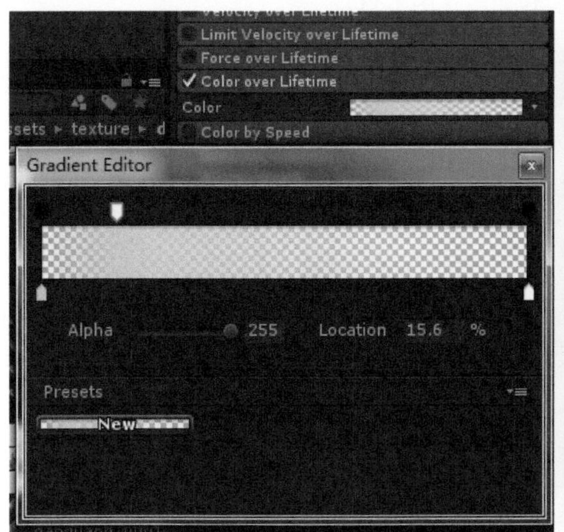

图3-39　刀光粒子生命周期颜色模块参数设定

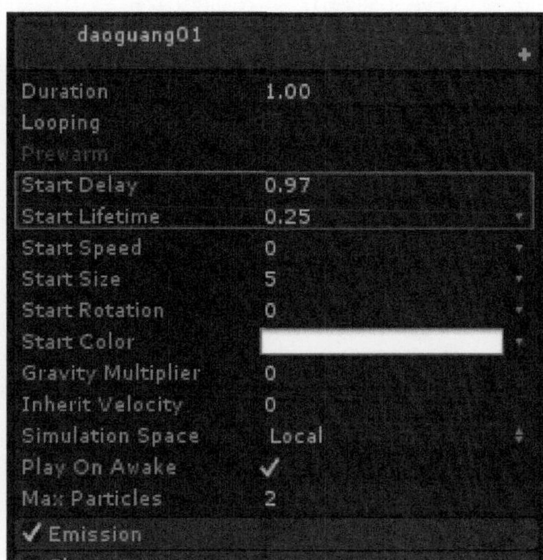

图3-40　刀光粒子初始延迟及初始生命周期调整

（12）根据武器的轨迹将粒子旋转到适当位置（图3-41）。

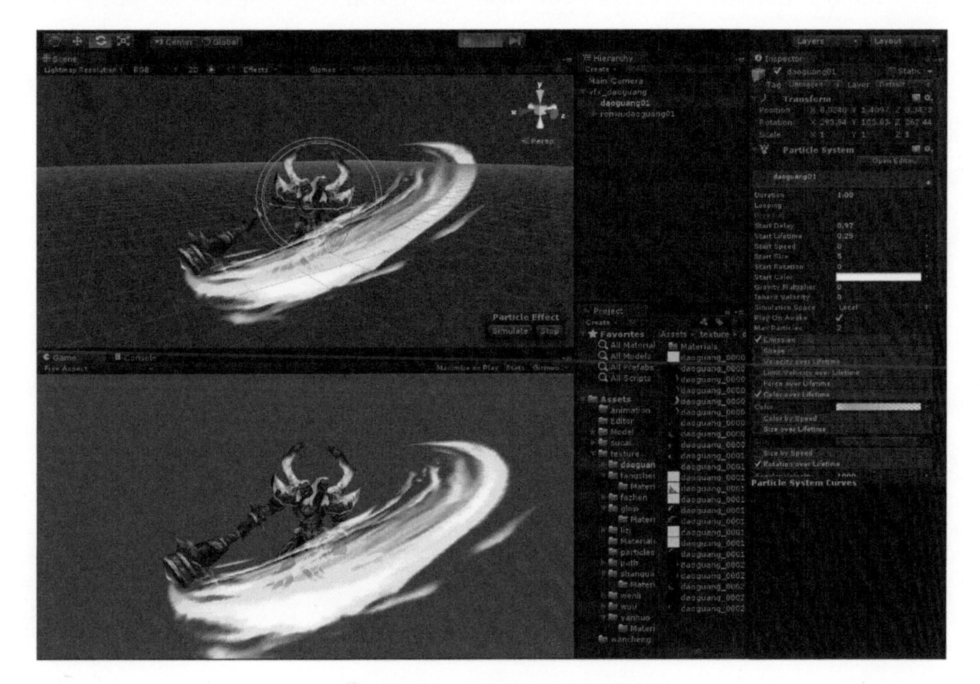

图3-41　刀光粒子位置调整

武器的刀光可以在生命周期内有大小的变化。勾选Size over Lifetime Module（生命周期粒子大小模块），单击Size参数右侧的曲线条框，在Particle System Curves（曲线编辑器）中编辑粒子的大小曲线（图3-42）。

（13）反复播放动作，细微地调节参数值，使刀光更加流畅及力度逼真。调整Rotation over Lifetime Module（生命周期旋转模块），点击Angular Velocity参数右侧的下三角，在下拉列表中选择Curve（曲线），并在曲线编辑器中编辑旋转曲线（图3-43）。

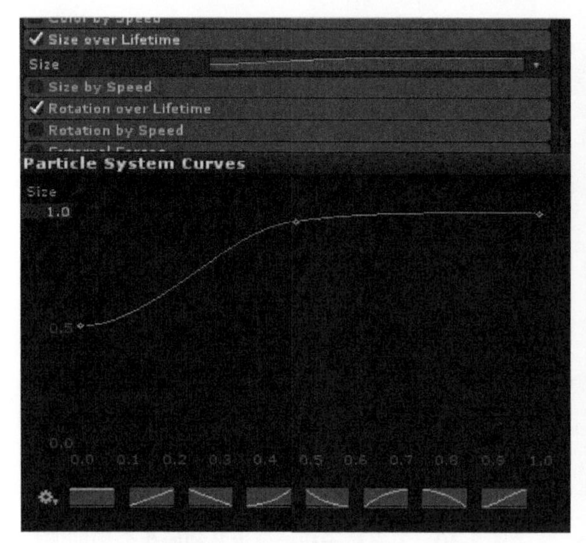

图3-42 刀光粒子大小调整

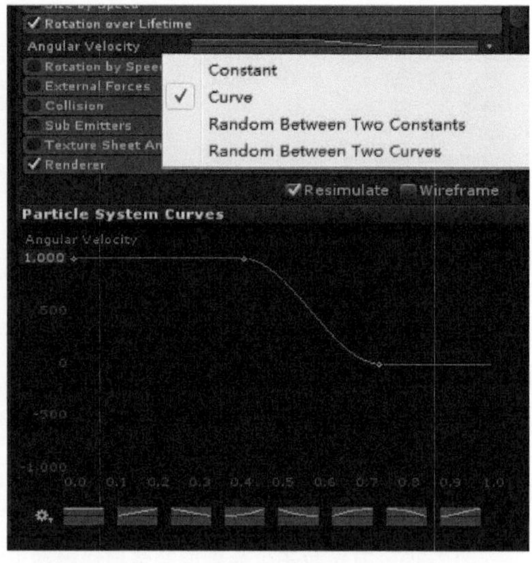

图3-43 刀光粒子生命周期旋转模块调整

Start Lifetime（生命周期）调整为0.28，Start Size（初始大小）调整为5.5（图3-44）。

（14）武器刀光的第一层基本完成，需要再给刀光添加比较锋利的刀刃。选择daoguang01粒子，按住键盘Ctrl+D，复制粒子并重新命名为daoguang02，然后为粒子daoguang02更换材质（图3-45）。

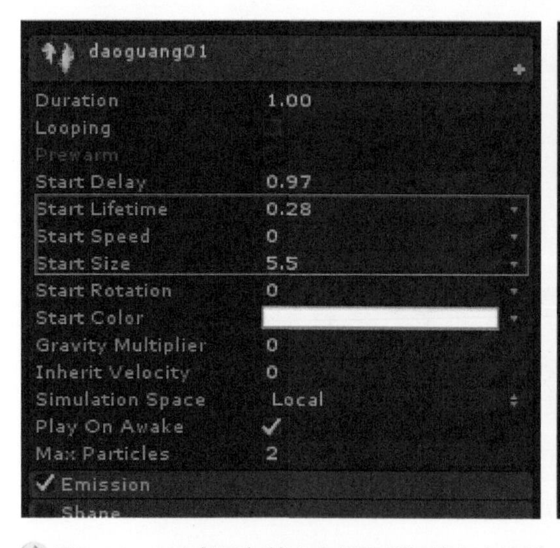

图3-44 刀光粒子初始生命周期及初始大小调整

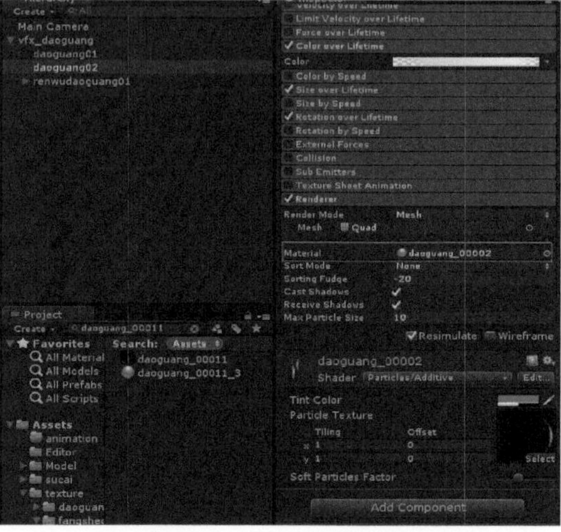

图3-45 创建刀刃粒子

（15）调整daoguang02粒子的参数设定，调整步骤基本相同，下面简单介绍需要调整的粒子模块的参数（图3-46）。

Color over Lifetime Module（生命周期颜色模块）中的颜色进行调整（图3-47）。

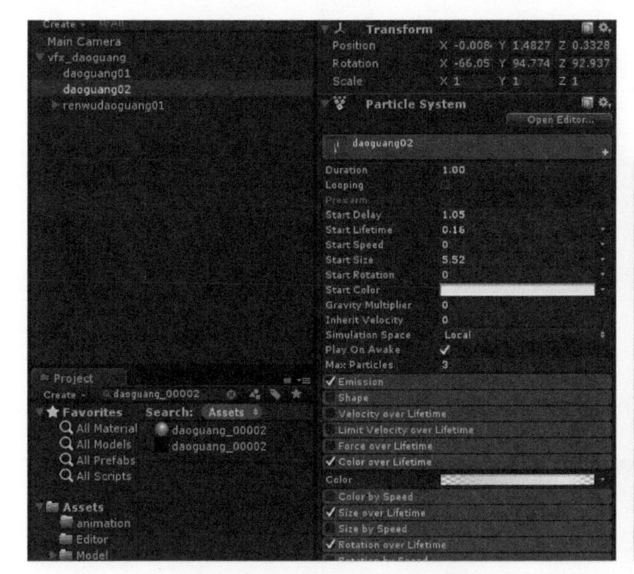

图3-46 刀刃粒子参数调整

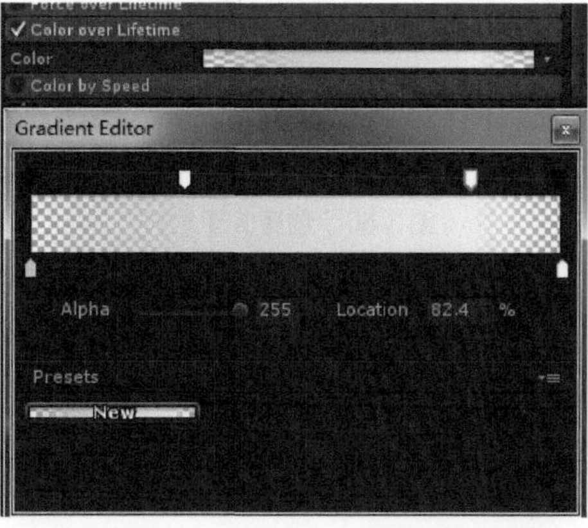

图3-47 刀刃粒子生命周期颜色模块

（16）刀光的效果仅有高亮的部分有些单薄，因此需要给刀光增加深色的底色作为衬托。同样选择daoguang01粒子，复制一个新粒子重命名为daoguang03，替换daoguang03粒子的材质（图3-48）。

然后对daoguang03粒子的参数进行调整（图3-49）。

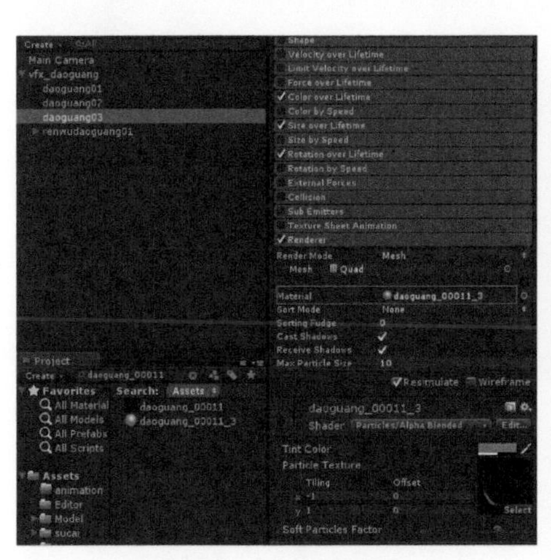

图3-48 创建底色粒子

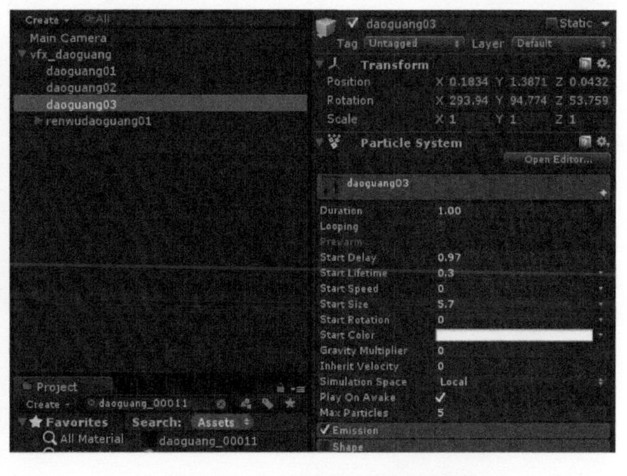

图3-49 底色粒子参数调整

（17）刀光的效果基本完成，可以再复制一个粒子给刀光添加一层光晕，步骤同上，参数的设定如图3-50和图3-51所示。

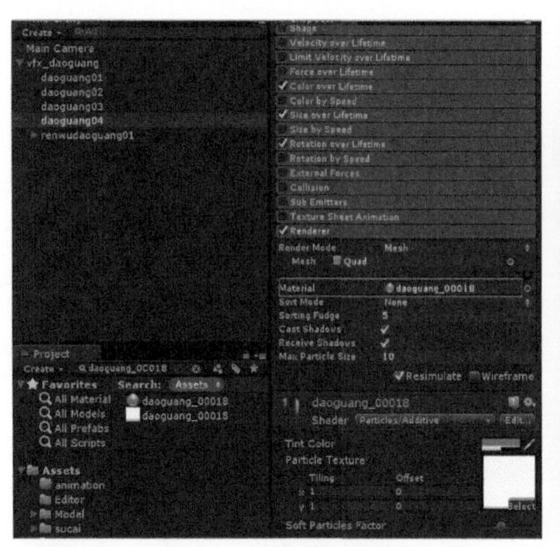

图3-50 创建光晕粒子

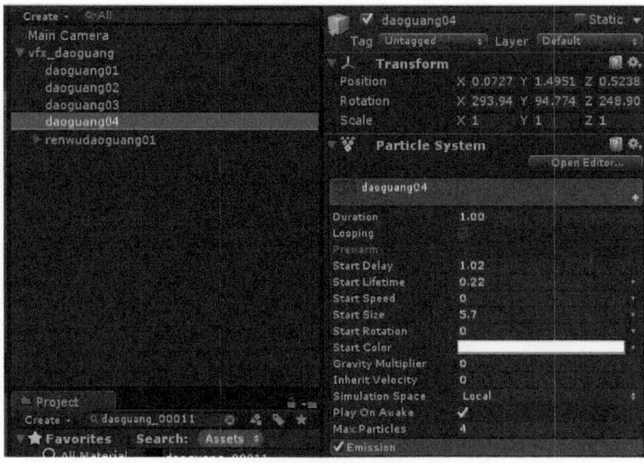

图3-51 光晕粒子参数调整

（18）武器刀光的效果完成，最终效果如图3-52所示。

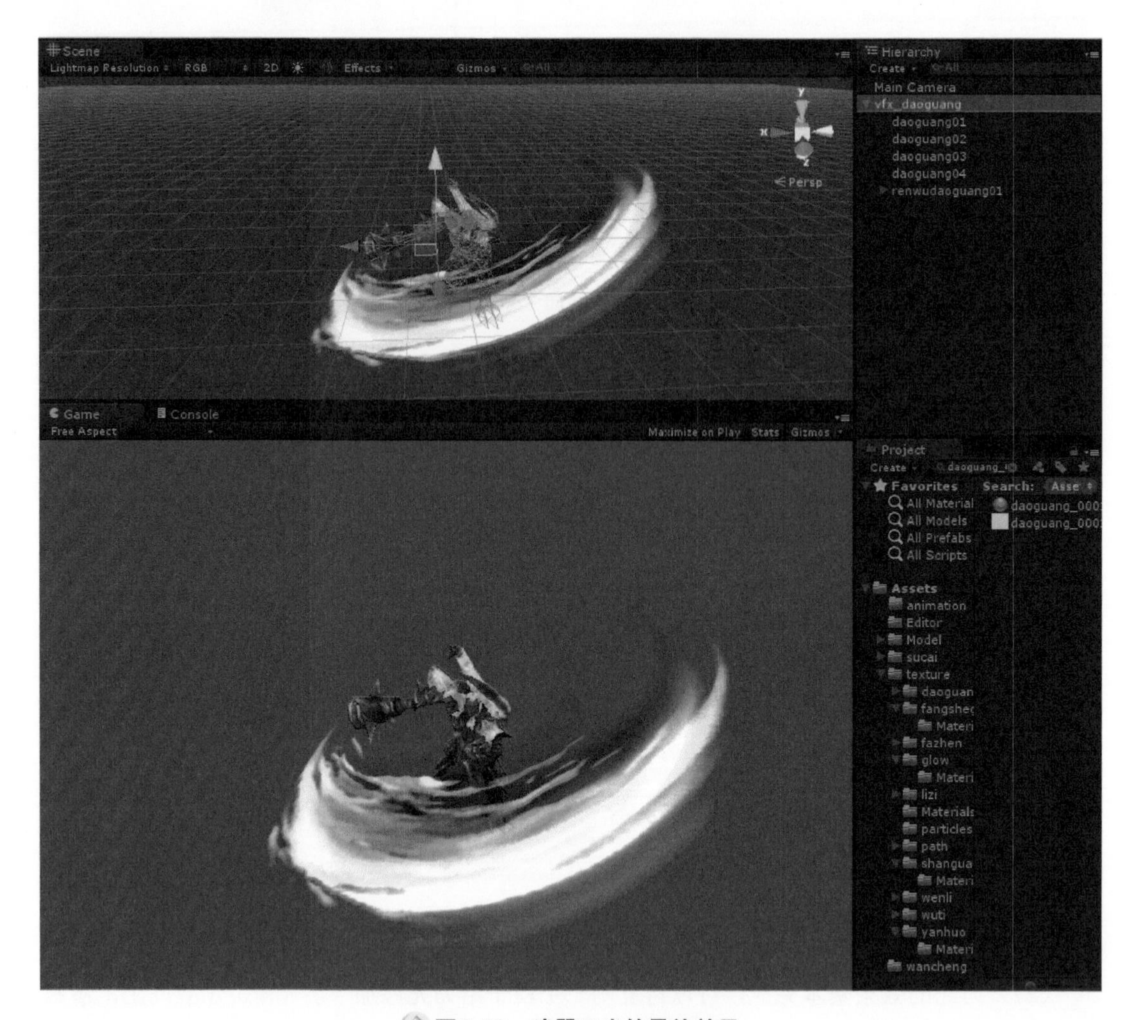

图3-52 武器刀光的最终效果

4.1 游戏中角色的特效分类及设计

角色是游戏中必不可少的重要构成元素，越是设定复杂的游戏，其中的游戏角色也就越多。一款成熟的网络游戏，大多具有数量庞大而复杂的角色系统，主角、NPC（非玩家控制角色）、怪物等角色是游戏事件的构成元素，对游戏情节的发展起着非常重要的推动作用。

为了吸引玩家的兴趣，游戏中的角色，在体型特征上被重点塑造，贴图纹理也要精细刻画。当然更离不开特效的精彩表现。同样一个角色，如果在攻击时可以发出炫目的冲击波，盔甲也散发着耀眼的光晕，就会显得气势十足。

游戏中的角色特效，主要用于表现玩家控制的角色在进行游戏时所出现的各种效果，按照不同的表现形式可以分为日常行为特效、职业属性特效、附加属性特效、装备特效和物理攻击特效，另外角色在施加魔法时也会产生许多特效，这些产生特效的魔法类型包括魔法攻击、魔法治疗、魔法防御、状态加持、魔法召唤等。

这里介绍几种特效的制作。

4.2 角色日常行为特效制作

游戏中日常行为特效是玩家经常看到的，例如行走、跑动时加速或减速的效果，增加力量状态的效果，以及死亡和起死回生产生的效果，都属于日常行为的特效。

实例：角色死亡消失特效的制作

（1）打开Unity，新建一个Scene场景，并新建Unity3D自带圆柱体作为特效制作的大小比例，调整摄像机角度。

（2）单击菜单栏中GameObject→Create Empty选项，建立一个空物体并命名为“vfx_xiaoshi”，然后单击菜单栏中GameObject→Create Other→ Particle System选项，在场景中新建一个粒子并将

粒子并命名为“guangshu”，也拖到“vfx_xiaoshi”物体下。然后在Inspector视图中，guangshu粒子的Transform模块上的下三角符号上单击右键，弹出修改列表，选择Reset Position将粒子的位置归零（图4-1）。

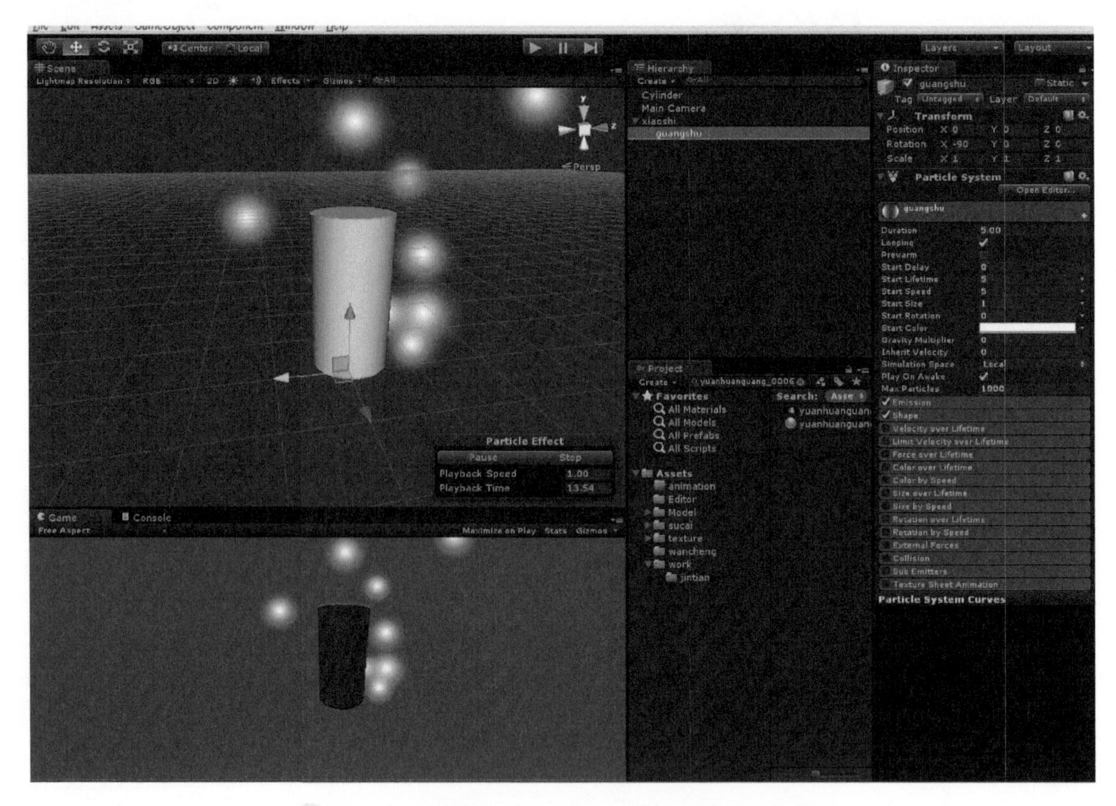

图4-1　创建角色死亡消失特效的物体及光束粒子

（3）设置粒子的材质。在Inspector视图中单击Renderer模块标签，再单击Material属性右侧的圆圈按钮，在弹出的材质选择对话框中选择材质球“yuanhuanguang_00062”（图4-2）。

光束是呈细长条状，因此需要将Render Mode（渲染方式）更改为Stretched Billboard拉伸公告板模式，调整Length Scale的参数值为–3，再将Sorting Fudge的值设定为–10，然后将Max Particle Size（最大粒子大小）更改为10，避免缩放视图时粒子大小发生相对视图的改变（图4-3）。

（4）调整光束粒子的属性参数。单击初始化模块的标签，将Duration（持续时间）的值设定为1。然后设定Start Lifetime（生命周期）为0.65，Start Speed（初始速度）为–0.01，单击Start Size（初始大小）右侧的下三角按钮，在下拉列表中选择Size值的变化方式为Random Between Two Constants（两个常数随机选择），两个常数值设为2和2.5，这样粒子的大小就为随机值了（图4-4）。

再单击Start Color（初始颜色）右侧的下三角按钮并在下拉列表中选择Random Between Two Colors（两个纯色随机选择），让粒子的颜色在两个纯色中随机选择，两个颜色的参数如图4-5和图4-6所示。

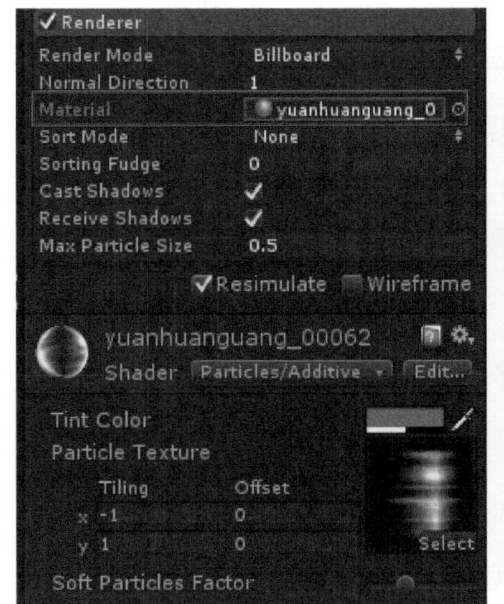

图4-2　光束粒子材质设置

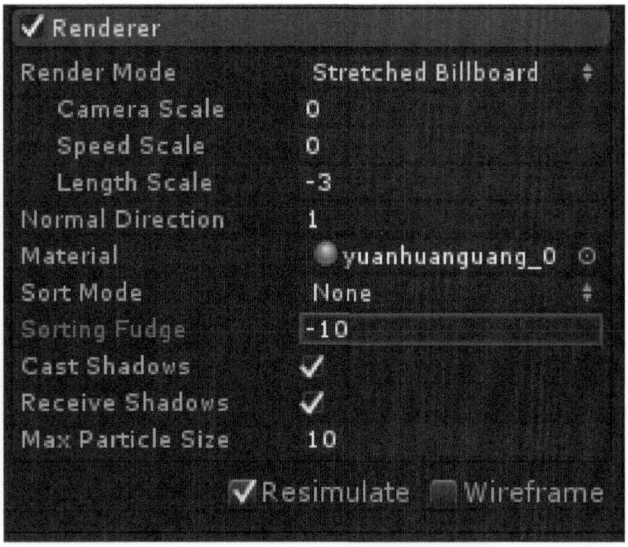

图4-3　光束粒子渲染参数设置

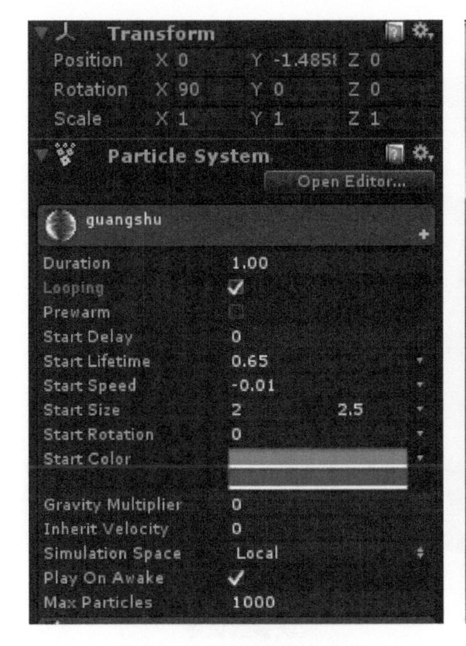

图4-4　光束粒子属性参数调整

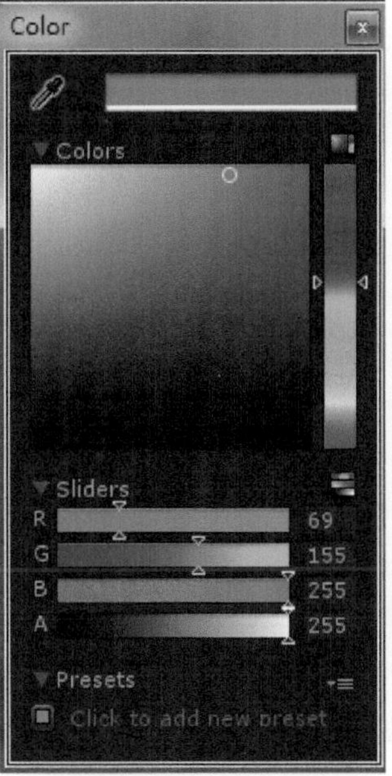

图4-5　光束粒子初始颜色选择（一）

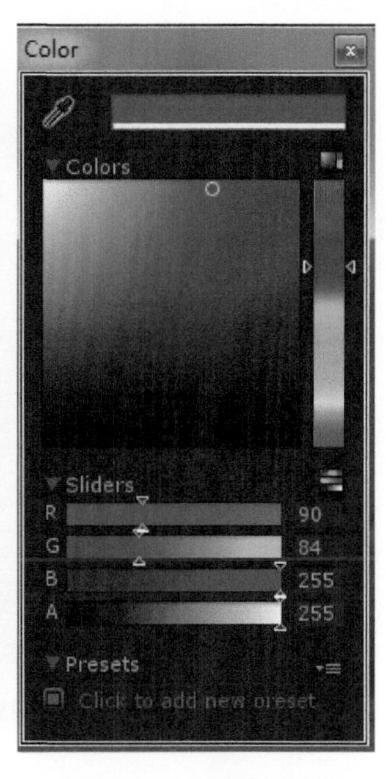

图4-6　光束粒子初始颜色选择（二）

（5）Emission模块的参数设置。将Rate（发射速率，即每秒粒子数量）参数值设为10，为了使粒子在0s时就出现，单击Bursts（粒子爆发）右侧的加号，增加一个爆发点Time为0，Particles为1（图4-7）。

（6）角色死亡消失时将不再移动位置，因此光束应在同一位置发射，粒子的发射范围设置为0。去掉Shape（形状模块）前的勾选，关闭此模块，这样guangshu粒子每次都在同一位置发射（图4-8）。

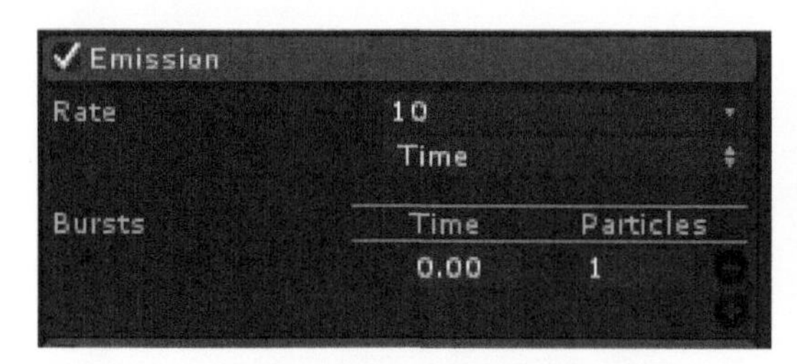

图4-7　发射模块参数设置

图4-8　光束粒子发射位置设置

（7）设定Color over Lifetime Module（生命周期颜色模块）参数值。勾选该模块，单击Color参数右侧的颜色条，在弹出的渐变编辑器中编辑渐变颜色及透明度（图4-9）。

（8）设定Size over Lifetime Module（生命周期粒子大小模块）参数值，勾选该模块，单击Size参数右侧的曲线条框，在Particle System Curves（曲线编辑器）中编辑粒子的大小曲线（图4-10）。

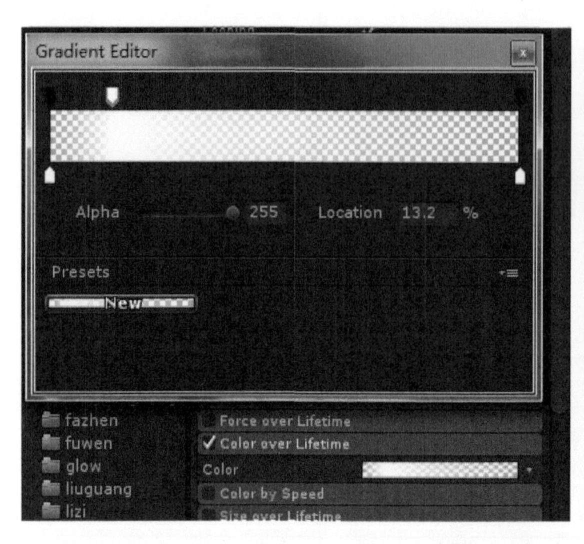

图4-9　光束粒子生命周期颜色模块参数设定

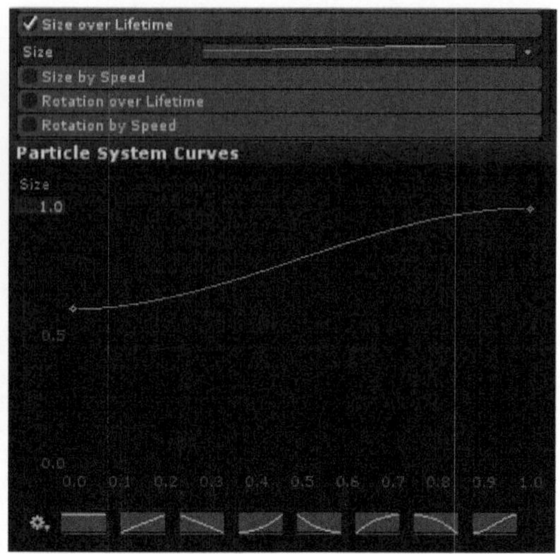

图4-10　光束粒子生命周期粒子大小模块参数设定

（9）角色死亡消失时，会出现一些爆点。爆点的制作步骤与光束粒子基本相同，这里就简单介绍下步骤及需要调整的粒子模块参数。

新建一个粒子并将其命名为baodian，将Renderer模块中的Material材质设定为“xulie_baozha016_5x5”材质球。Render Mode（渲染方式）为Billboard公告板模式，Sorting Fudge的

值设定为–20，然后将Max Particle Size（最大粒子大小）更改为5（图4-11）。

（10）由于xulie_baozha016_5x5材质球的贴图是一张序列图，因此需要勾选Texture Sheet Animation（序列帧动画纹理）模块，设置Tiles的参数值X为5，Y为5（图4-12）。

（11）初始化模块的参数设定如图4-13所示，其中Start Color（初始颜色）选择Random Between Two Colors（两个纯色随机选择），两个颜色的参数如图4-14和图4-15所示。

图4-11　爆点粒子材质及渲染参数设定

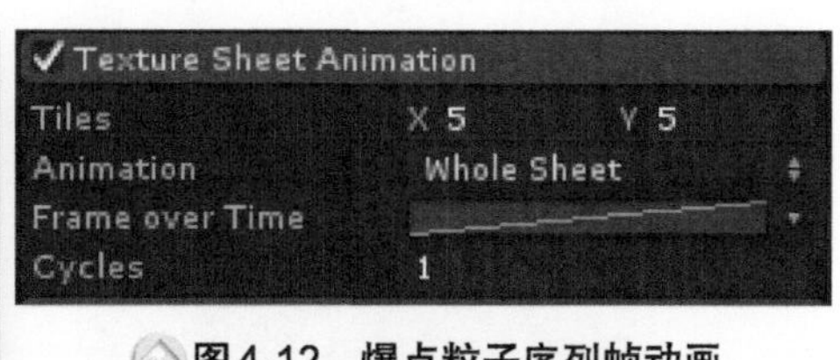

图4-12　爆点粒子序列帧动画纹理模块参数设定

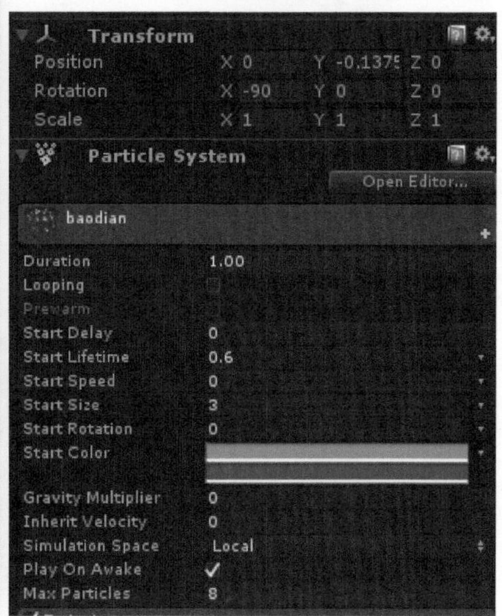

图4-13　爆点粒子初始化模块的参数设定

（12）Emission模块的参数设定如图4-16所示，Shape模块的参数设定如图4-17所示。

（13）Color over Lifetime Module（生命周期颜色模块）参数值设定和Size over Lifetime Module（生命周期粒子大小模块）参数值设定分别如图4-18和图4-19所示。

（14）角色死亡消失化作星星点点飘散。星星点点的制作与爆点的制作步骤基本相同，仅增加了随机飘动的效果。以下简单介绍一下需要调整的粒子模块参数。

选择baodian粒子，复制一个新粒子，命名为xingxing。Renderer模块的参数设定如图4-20所示。

（15）初始化模块的参数设定如图4-21所示，其中Start Color（初始颜色）选择Random Between Two Colors（两个纯色随机选择），两个颜色的参数如图4-22和图4-23所示。

图4-14　爆点粒子初始颜色选择（一）

图4-15　爆点粒子初始颜色选择（二）

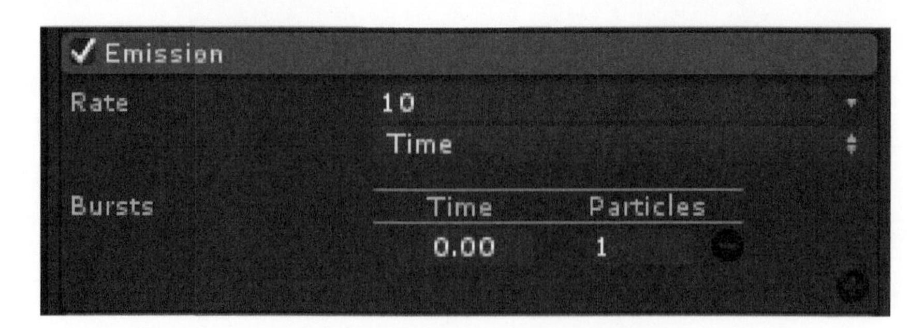

图4-16　爆点粒子发射模块的参数设定

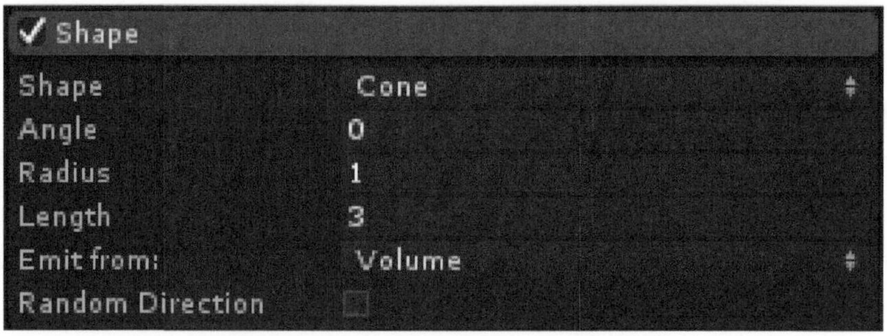

Shape
Shape　Cone
Angle　0
Radius　1
Length　3
Emit from:　Volume
Random Direction

图4-17　爆点粒子形状模块的参数设定

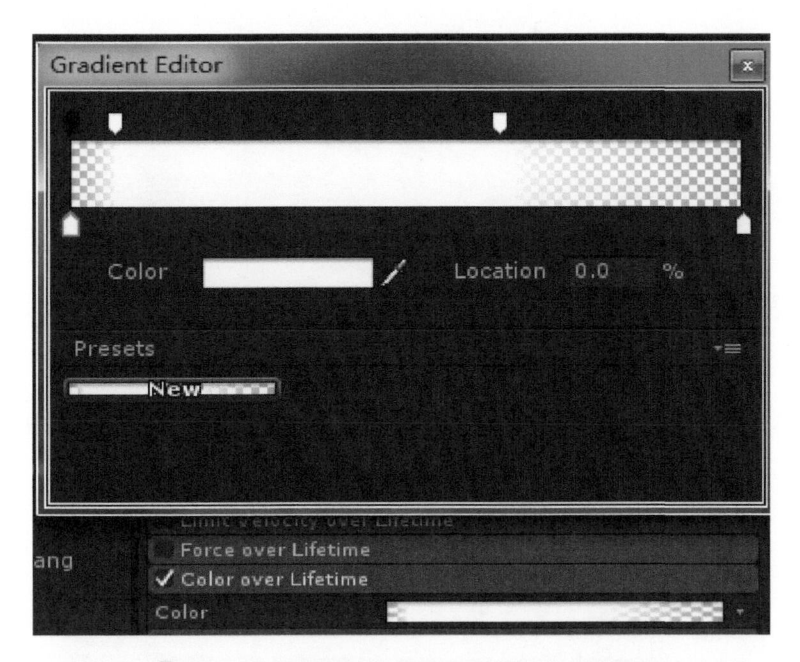

图4-18　爆点粒子生命周期颜色模块参数设定

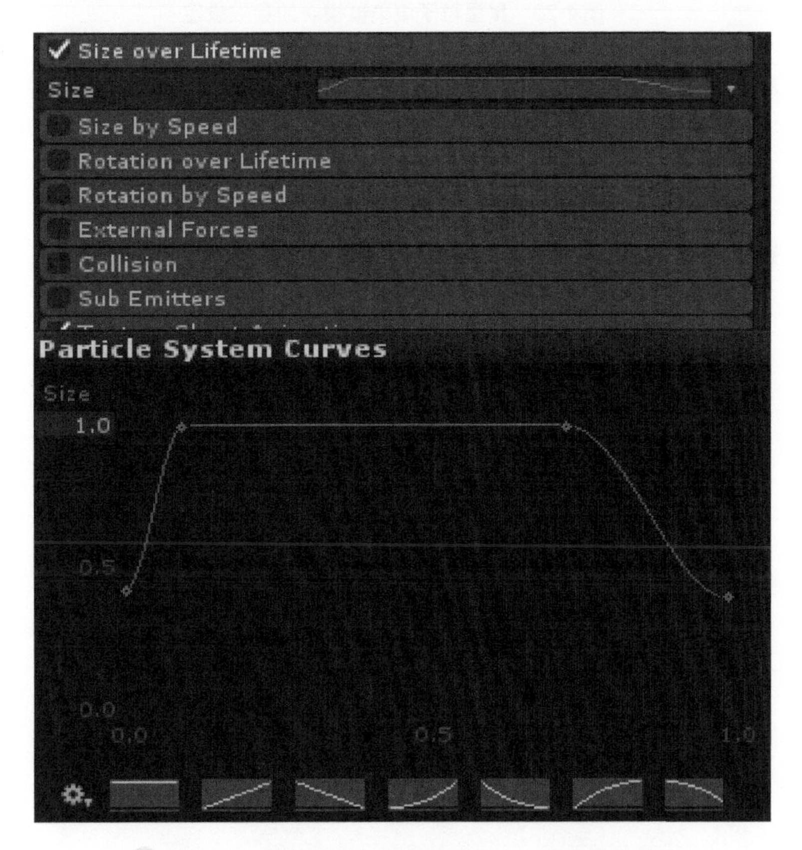

图4-19　爆点粒子生命周期粒子大小模块参数设定

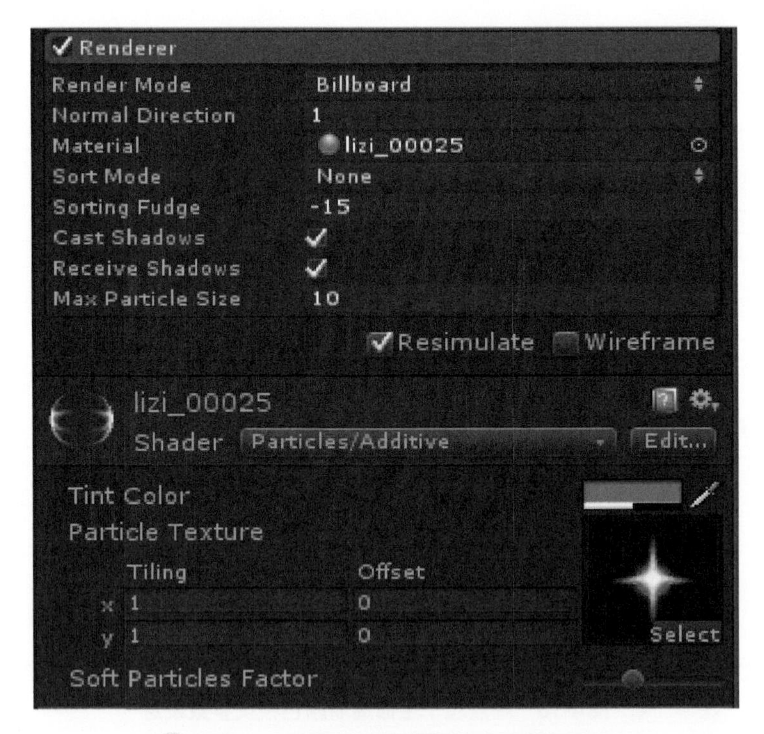

图4-20 星星粒子渲染器模块的参数设定

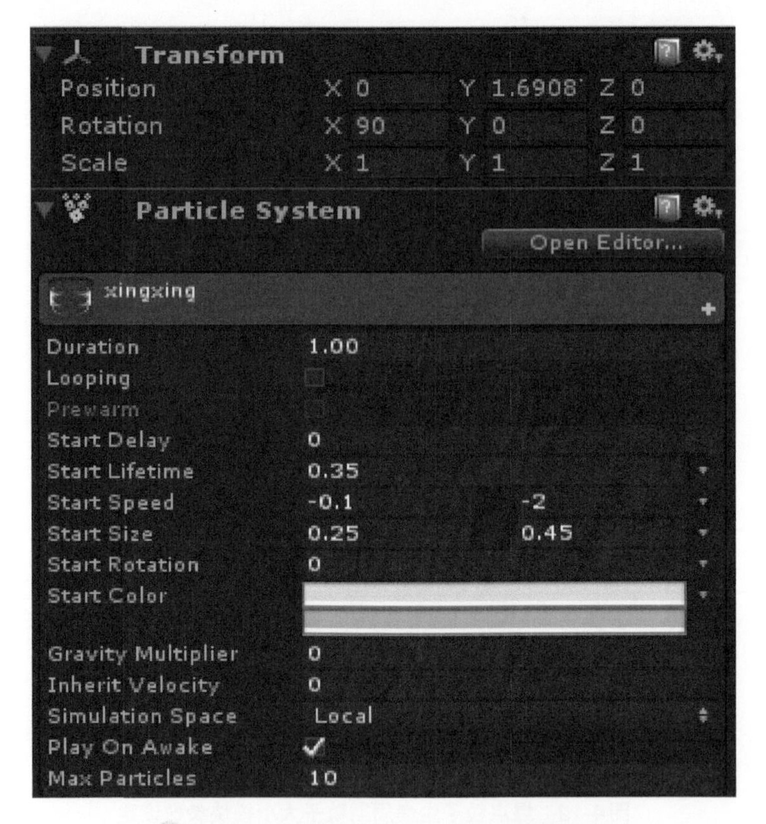

图4-21 星星粒子初始化模块的参数设定

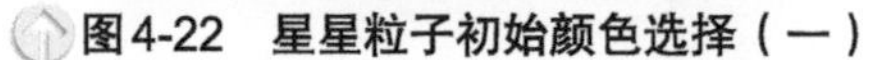
图4-22　星星粒子初始颜色选择（一）

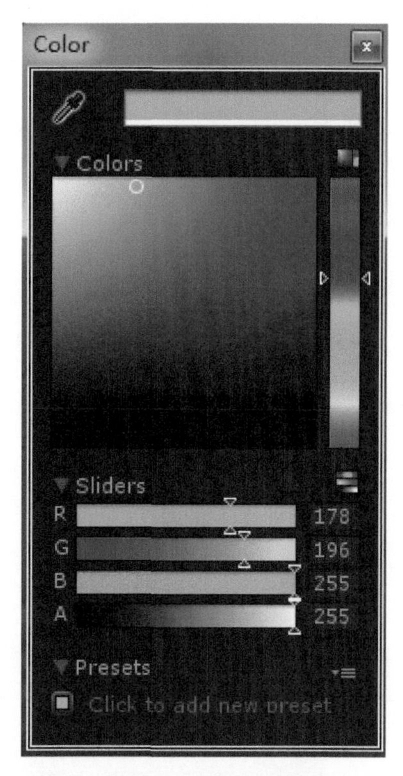

图4-23　星星粒子初始颜色选择（二）

（16）Emission模块和Shape模块的参数设定如图4-24所示。

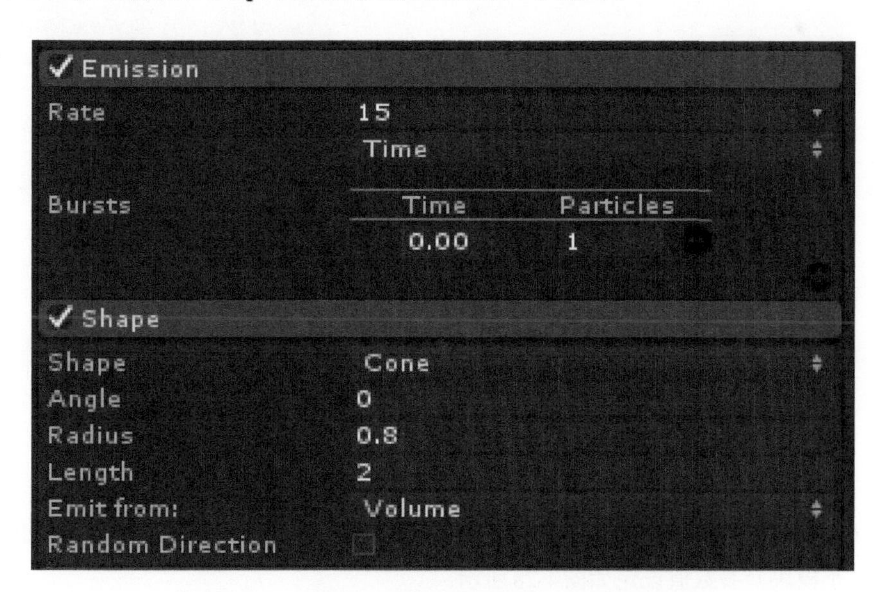

图4-24　星星粒子发射模块和形状模块的参数设定

（17）模拟星星点点飘散的效果，需要给出粒子不同方向上的速度，因此勾选Velocity over Lifetime Module（生命周期速度模块），激活此模块。单击Z右侧的下三角按钮并在下拉列表中选择Random Between Two Curves（两条曲线随机选择），让粒子的速度在两条速度曲线中随机选择，X、Y、Z的速度曲线参数值如图4-25～图4-27所示。

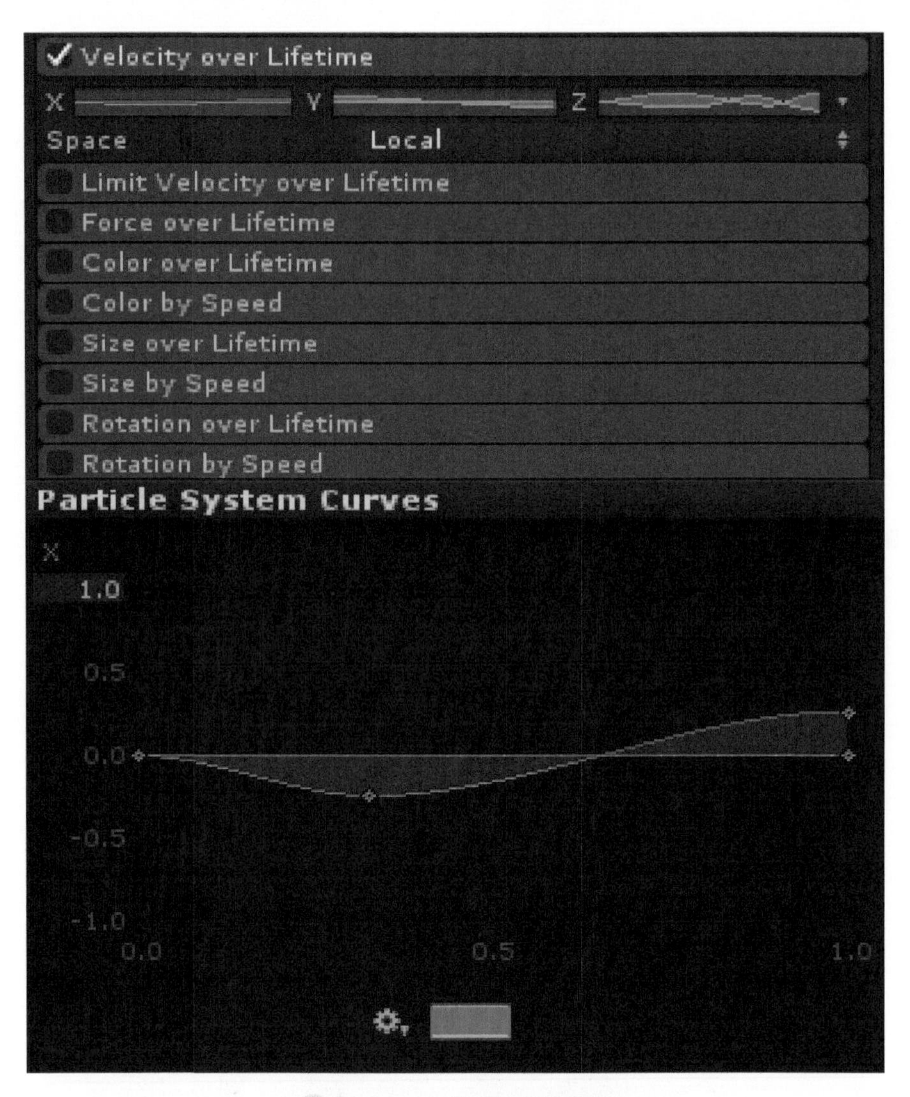

图4-25　X的速度曲线参数

（18）Color over Lifetime Module（生命周期颜色模块）和Size over Lifetime Module（生命周期粒子大小模块）参数值设定如图4-28所示。

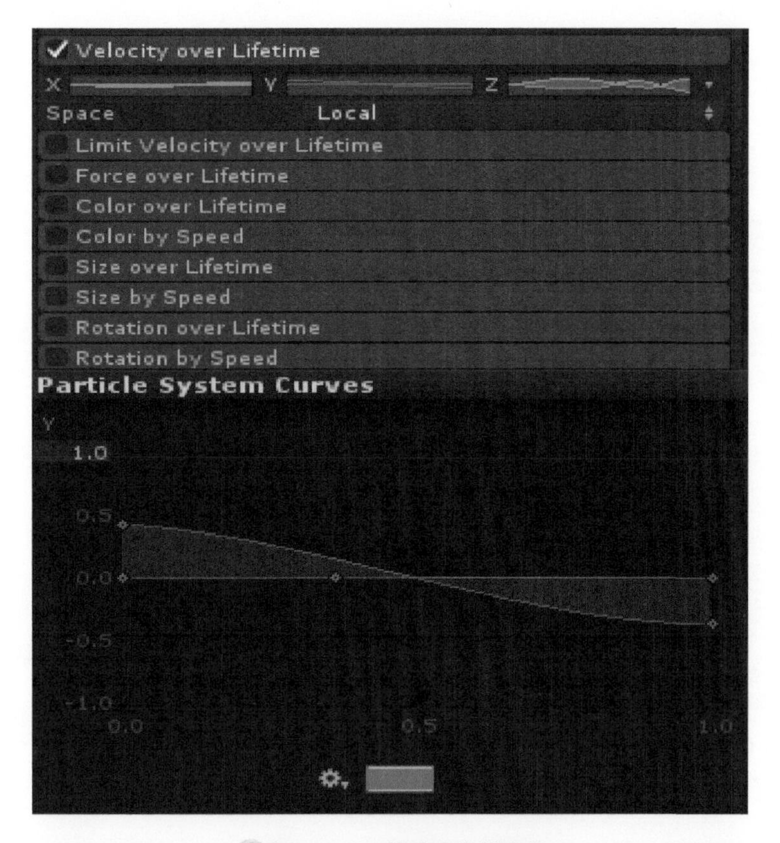

图4-26　Y的速度曲线参数

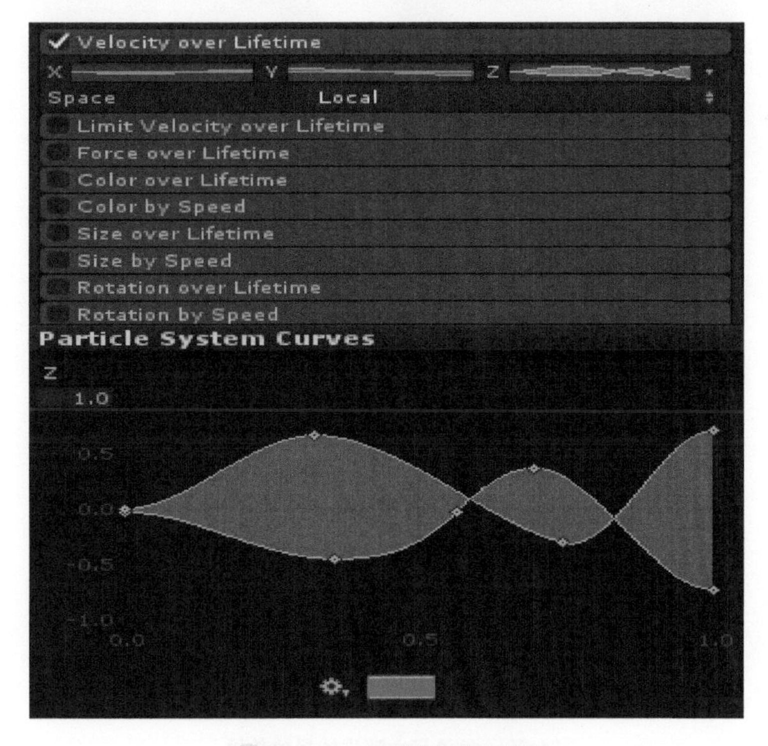

图4-27　Z的速度曲线参数

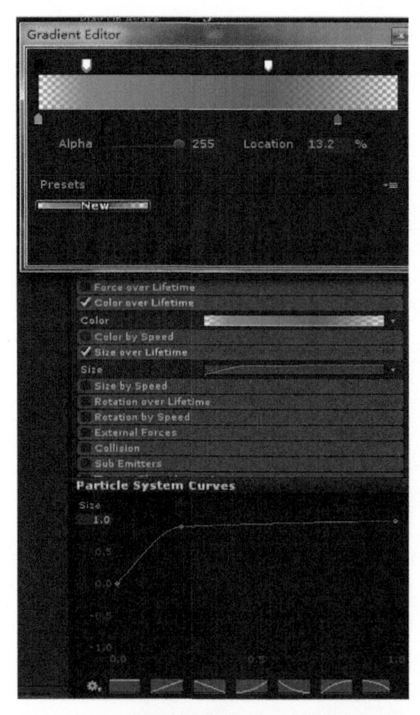

图4-28　星星粒子生命周期颜色模块和粒子大小模块参数值设定

（19）角色死亡消失的效果基本完成，也可以增加一层光晕消散效果，这里不再讲解，读者可按照上述粒子制作自行尝试。角色死亡消失的最终效果如图4-29所示。

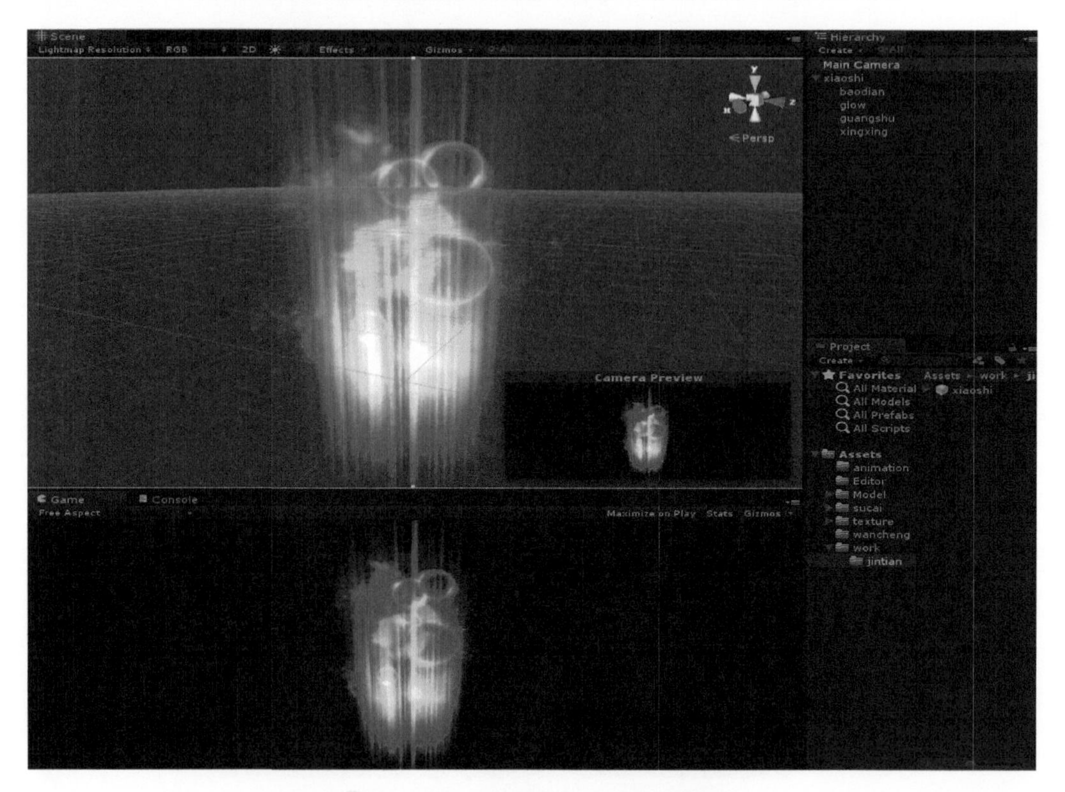

图4-29　角色死亡消失的最终效果

4.3 角色物理攻击特效制作

在游戏中，物理攻击是角色在没有掌握技能或魔法之前所具有的基本攻击技能，属于角色行为特效的范畴。因此在各种3D游戏中，角色物理攻击特效是最常见的，也就是角色受攻击后产生的特效。

实例：角色受攻击后的爆炸

（1）打开Unity，新建一个Scene场景，并新建一个Unity3D自带平面作为碰撞地面，命名为dimian，调整好摄像机角度。

（2）在制作角色受攻击后的爆炸之前，分析受攻击后爆炸一般分成爆炸闪光和地面裂痕两部分，因此先制作闪光爆炸效果。

单击菜单栏中GameObject→Create Empty选项，建立一个空物体并命名为“vfx_baozha”，然后单击菜单栏中GameObject→Create Other→Particle System选项，在场景中新建一个粒子并将粒子并命名为“zha01”，拖到“vfx_baozha”物体下，并将粒子的位置归零（图4-30）。

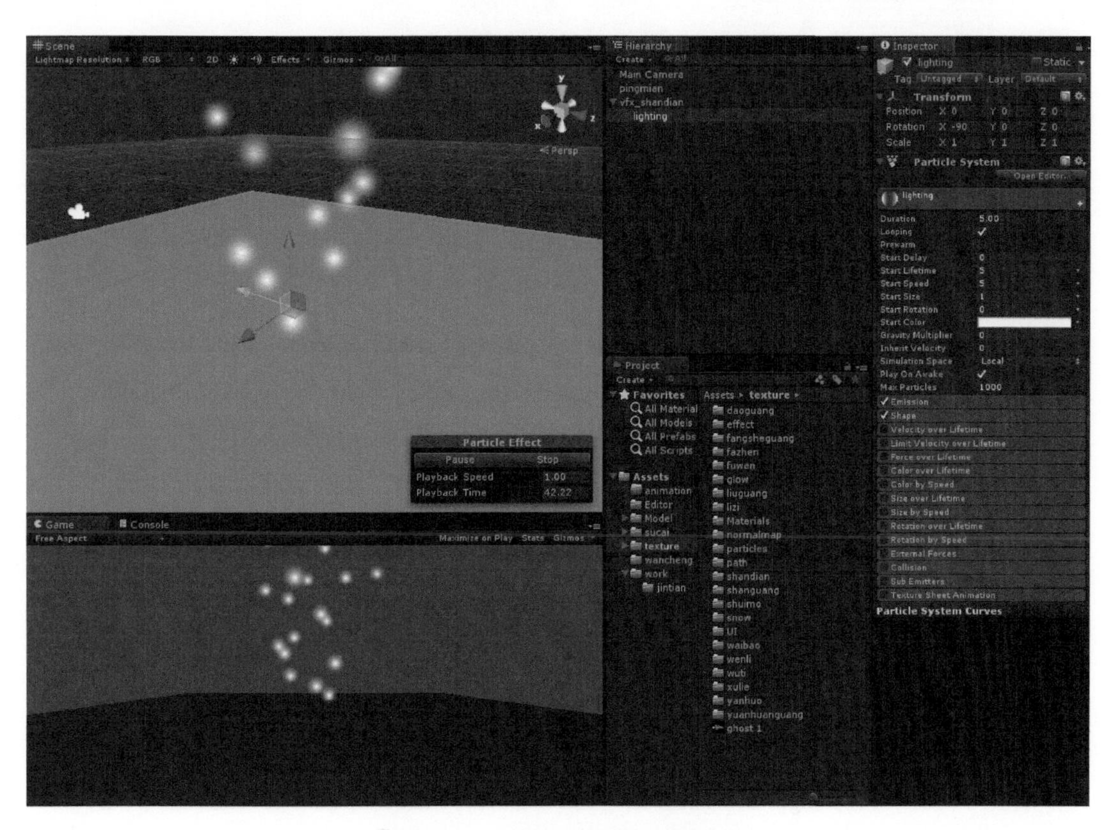

图4-30　创建地面场景及爆炸粒子

（3）设置zha01粒子的材质。选择Renderer模块标签，再单击Material属性右侧的圆圈按钮，在弹出的材质选择对话框中选择材质球“path_00309_h_-1x1”（图4-31）。

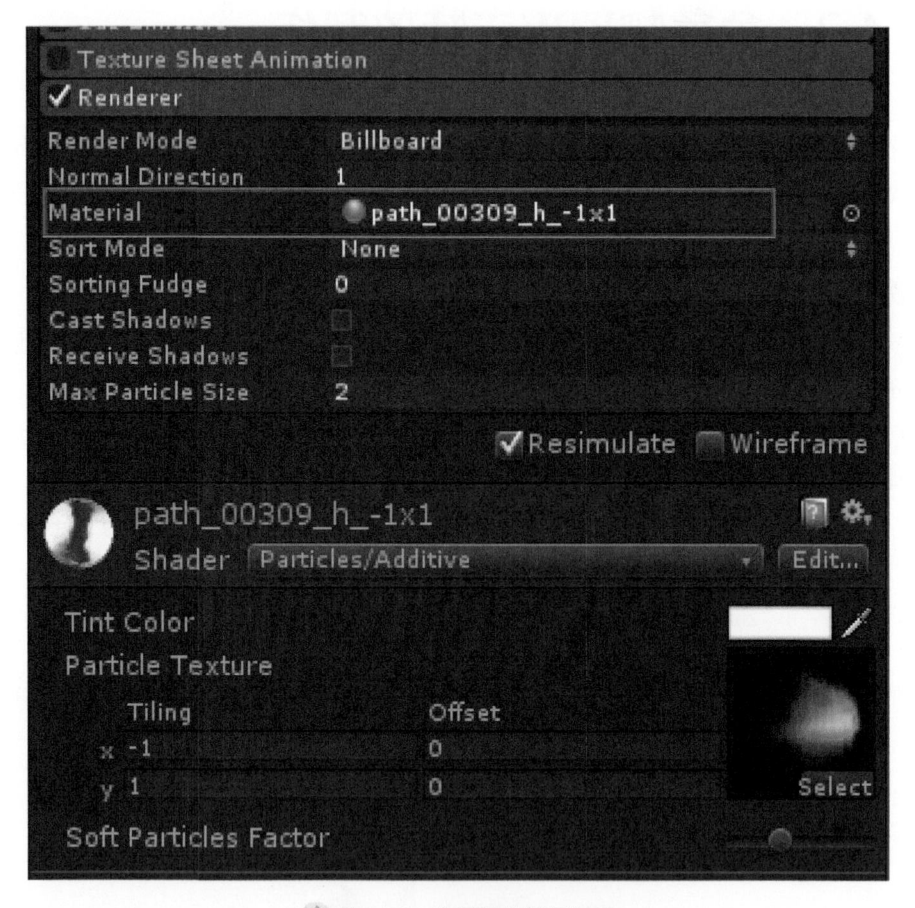

图4-31　选择爆炸粒子材质

（4）调整zha01粒子的属性参数。单击初始化模块的标签，将Duration（持续时间）的值设定为1。爆炸闪光发生迅速，因此单击Start Lifetime（生命周期）右侧的下三角按钮，在下拉列表中选择Size值的变化方式为Random Between Two Constants（两个常数随机选择），使Start Lifetime（生命周期）在0.4和0.5两个常数值之间变化，同样Start Speed（初始速度）值为0.008和0.015之间取值，Start Size（初始大小）的值设为为1.5和2，Start Rotation（初始旋转）的值为在0和360两个常数之间随机取值；Start Color（初始颜色）为一个纯色，最后在Max Particle（最大粒子数）设置为15（图4-32），使场景中最多有15个粒子。

（5）爆炸光是呈尖细条状，因此需要将Render Mode（渲染方式）更改为Stretched Billboard（拉伸公告板）模式，由于粒子有初始速度区间，Speed Scale（速度缩放）可根据速度的大小调整粒子的大小；而粒子的初始速度比较小，因此Speed Scale（速度缩放）设置稍大的参数值为220，调整Length Scale的参数值为0，然后将Max Particle Size（最大粒子大小）更改为2，避免缩放视图时粒子大小发生相对视图的改变（图4-33）。

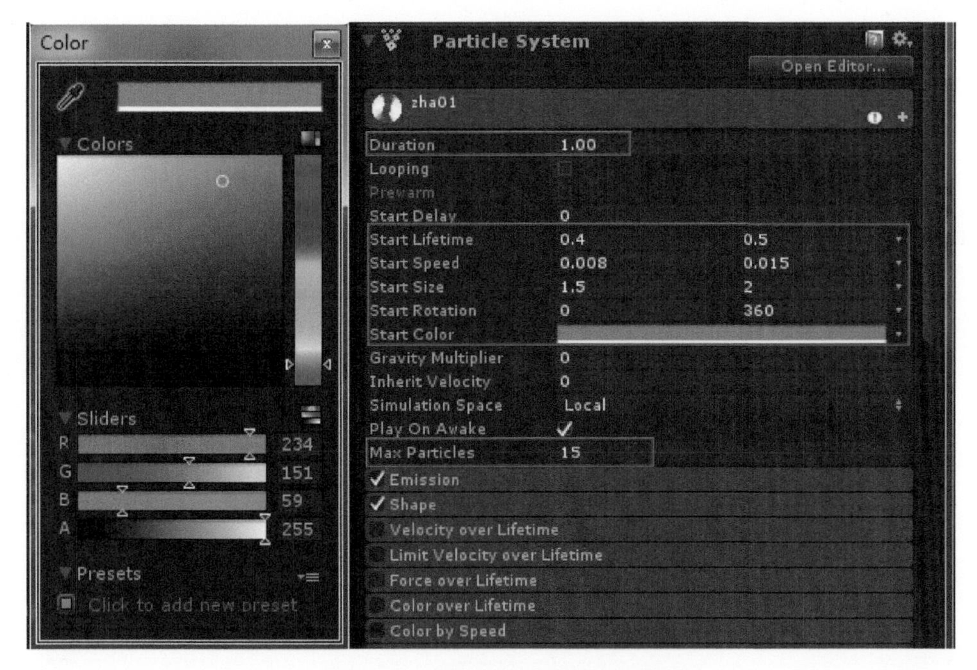

图4-32　爆炸粒子属性参数调整

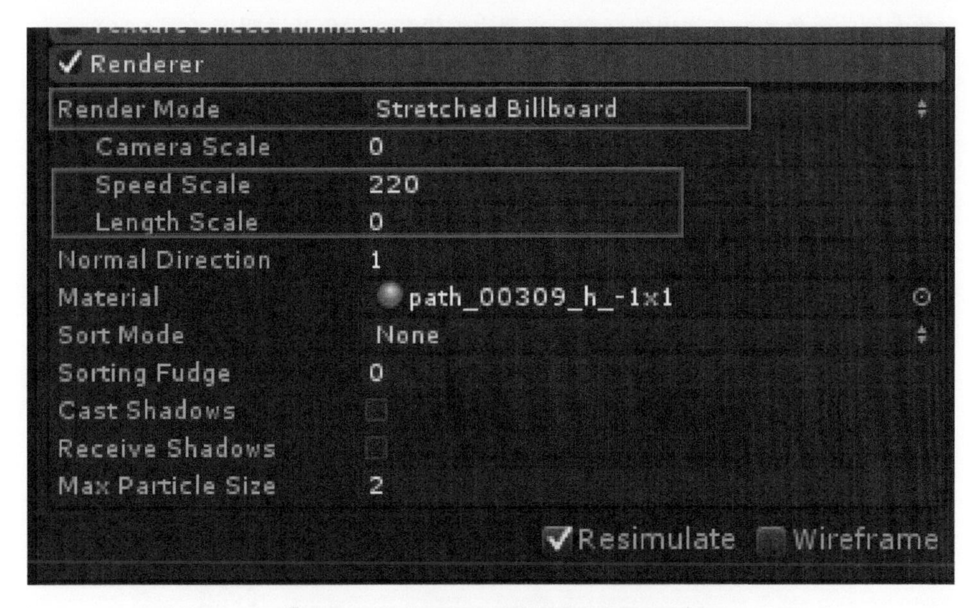

图4-33　爆炸粒子渲染器模块参数设置

（6）Emission模块的参数设置。将Rate（发射速率，即每秒粒子数量）参数值设为0，为了使粒子在0s时就出现，单击Bursts（粒子爆发）右侧的加号，增加一个爆发点Time为0，Particles为30（图4-34），粒子将在刚开始一起出现，模拟爆炸的效果。

（7）爆炸需要在整个地面上方空间出现，因此打开并调整Shape模块参数。单击Shape（发射器形状）右侧的下三角按钮，在下拉列表中选择HemiSphere（半球形发射器），设定Radius（半径）值为0.3（图4-35）。

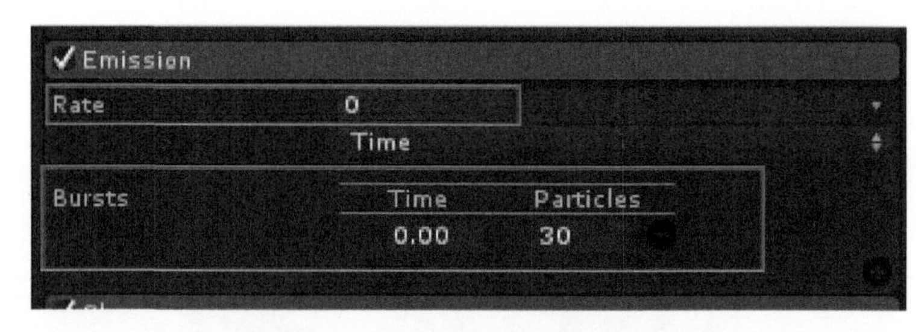

图4-34 爆炸粒子发射模块参数设置

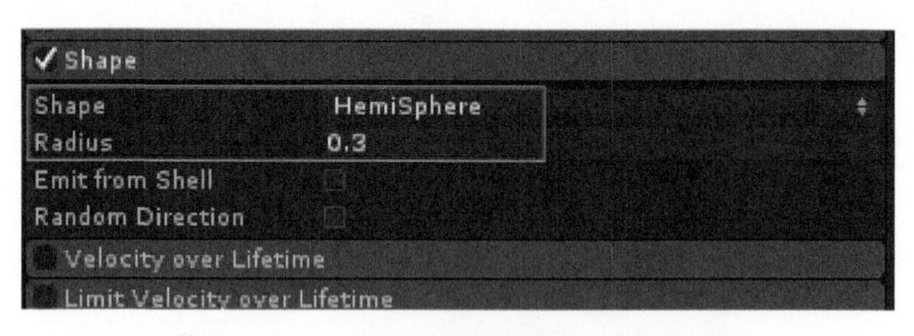

图4-35 爆炸粒子发射器形状模块参数设置

（8）设定Color over Lifetime Module（生命周期颜色模块）参数值。勾选该模块，单击Color参数右侧的颜色条，在弹出的渐变编辑器中编辑渐变颜色及透明度（图4-36）。

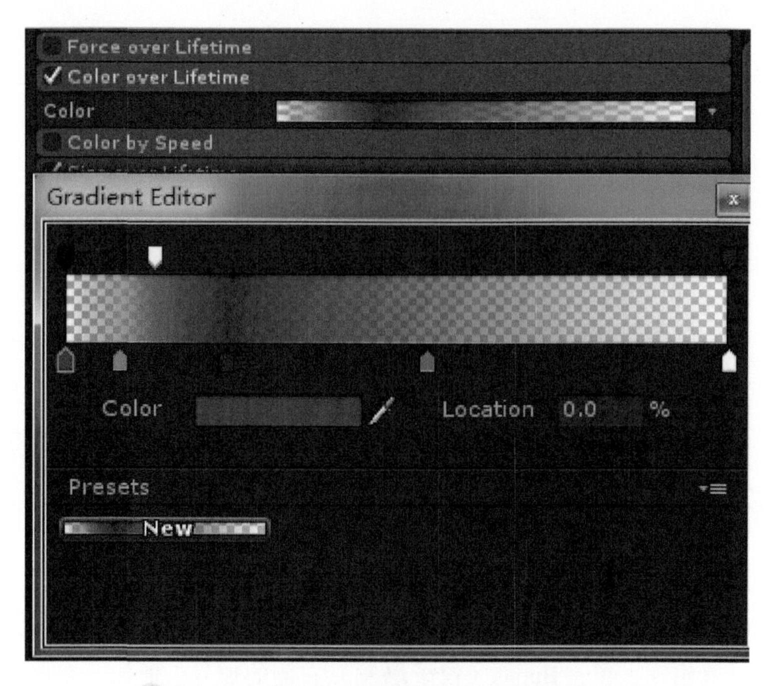

图4-36 爆炸粒子生命周期颜色模块参数设置

（9）设定Size over Lifetime Module（生命周期粒子大小模块）参数值，勾选该模块，单击Size参数右侧的曲线条框，在Particle System Curves（曲线编辑器）中编辑粒子的大小曲线（图4-37）。

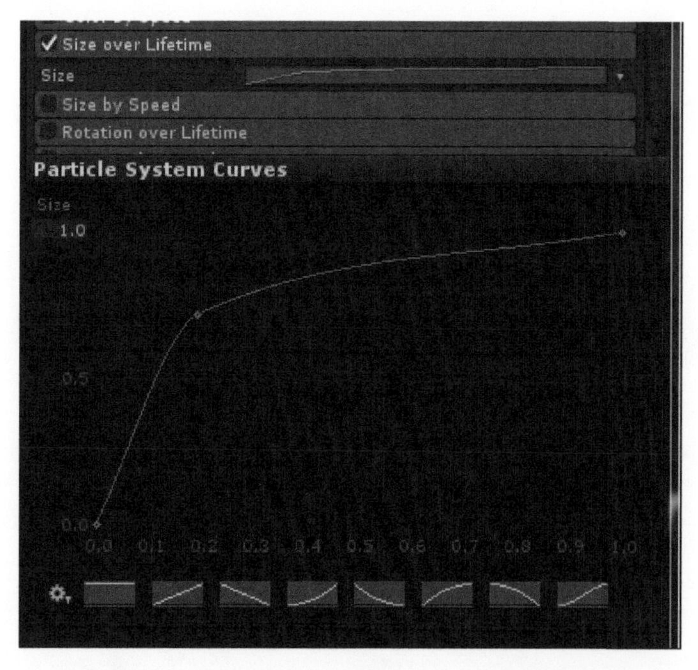

图4-37 爆炸粒子生命周期粒子大小模块参数设置

（10）一个爆炸闪光效果制作完成，效果比较单一，可以选择zha01粒子，按住键盘Ctrl+D，复制粒子并重新命名为zha02，然后为粒子zha02更换材质（图4-38），其余参数不变，制作一层更尖细的闪光，并将两个粒子叠加在一起（图4-39）。

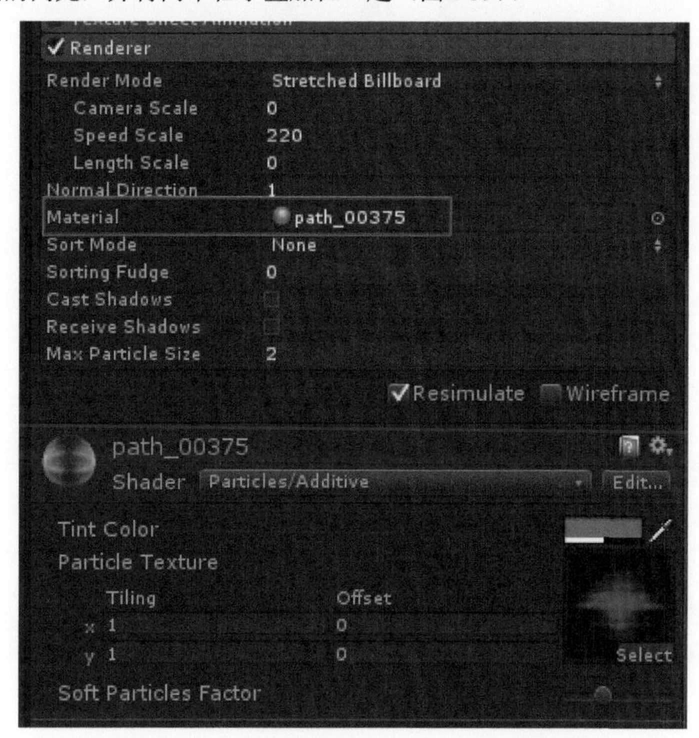

图4-38 增加的爆炸粒子材质及参数设置

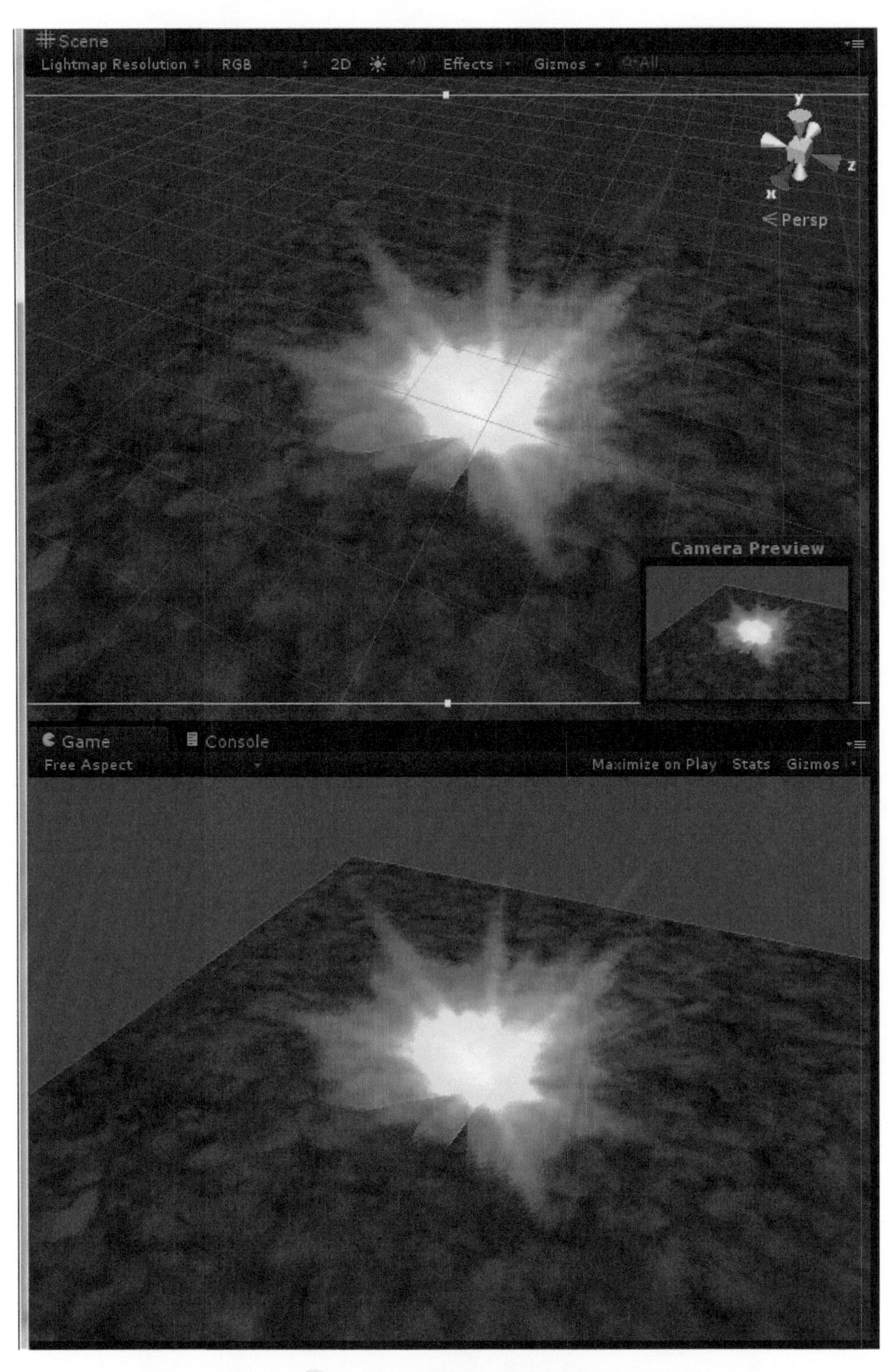

图4-39 爆炸粒子叠加效果

（11）下面制作地面裂纹。新建一个粒子并将其命名为liewen，将Renderer模块中的Material材质选择为“wenli_00143”材质球（图4-40）。

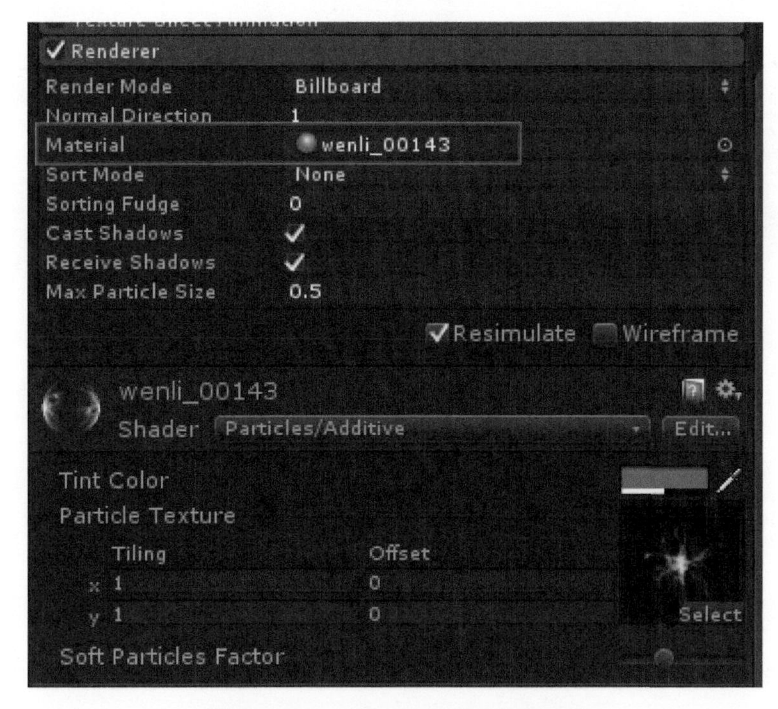

图4-40　裂纹粒子材质及参数设置

由于裂纹是在地表面产生的，因此Render Mode（渲染方式）为Horizontal Billboard：水平公告板模式，将Max Particle Size（最大粒子大小）更改为5（图4-41）。

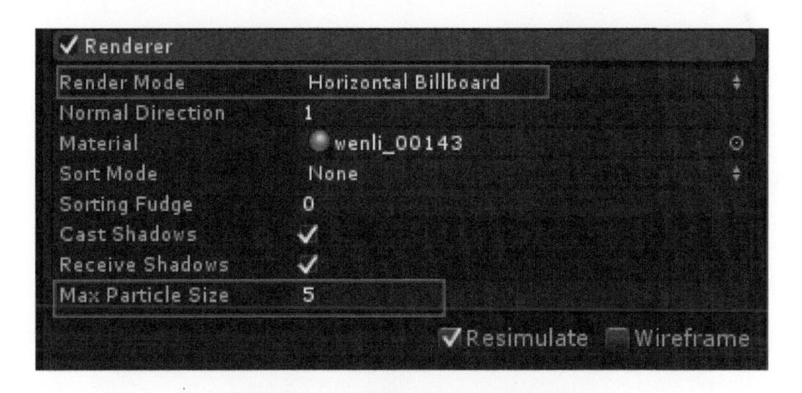

图4-41　裂纹粒子渲染参数调整

（12）调整liewen粒子的属性参数。单击初始化模块的标签，由于地裂只需要发生一次且不需要持续很长时间，一次将Duration（持续时间）的值设定为0.5。然后设定Start Lifetime（生命周期）为0.8，Start Speed（初始速度）为0，裂纹不需要在初始时有大小变化，因此Start Size（初始大小）为固定常数5，Max Particles（最大粒子数）调整为6，保证场景中不多于6个粒子（图4-42）。

Start Color（初始颜色）为一个纯色，颜色的参数如图4-43所示。

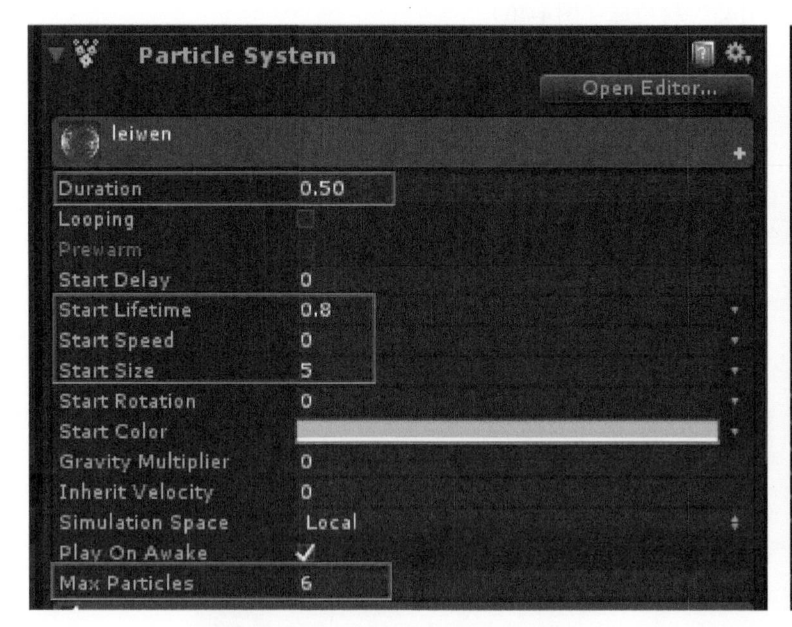

图4-42　裂纹粒子的属性参数调整

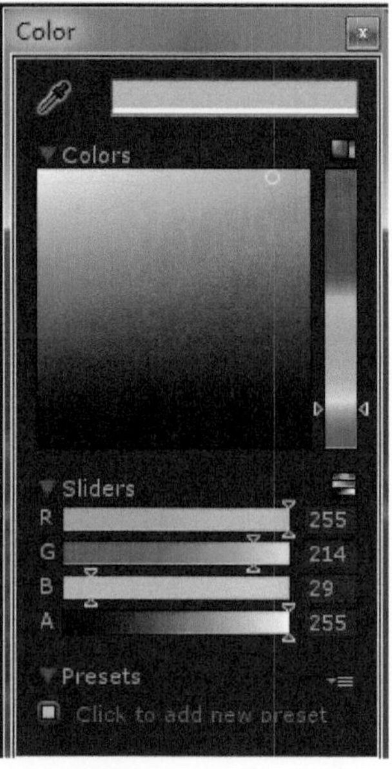

图4-43　裂纹粒子颜色参数设置

（13）裂纹的出现是由快速的小变大，变大后再慢慢变淡消失，因此要模拟裂纹的效果，需要调整Size over Lifetime Module（生命周期粒子大小模块）的参数值。勾选该模块，单击Size参数右侧的曲线条框，在Particle System Curves（曲线编辑器）中编辑粒子的大小曲线（图4-44）。

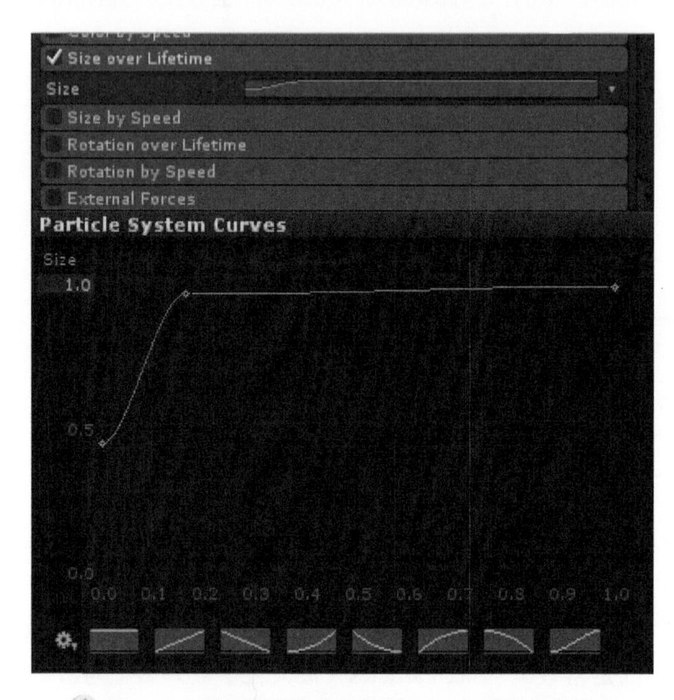

图4-44　裂纹粒子生命周期粒子大小模块参数设置

（14）裂纹变大后消失，需要调整Color over Lifetime Module（生命周期颜色模块）的透明参数值，并且开始消失的时间点要与粒子变大的时间点相匹配。勾选该模块，单击Color参数右侧的颜色条，在弹出的渐变编辑器中编辑渐变颜色及透明度（图4-45）。

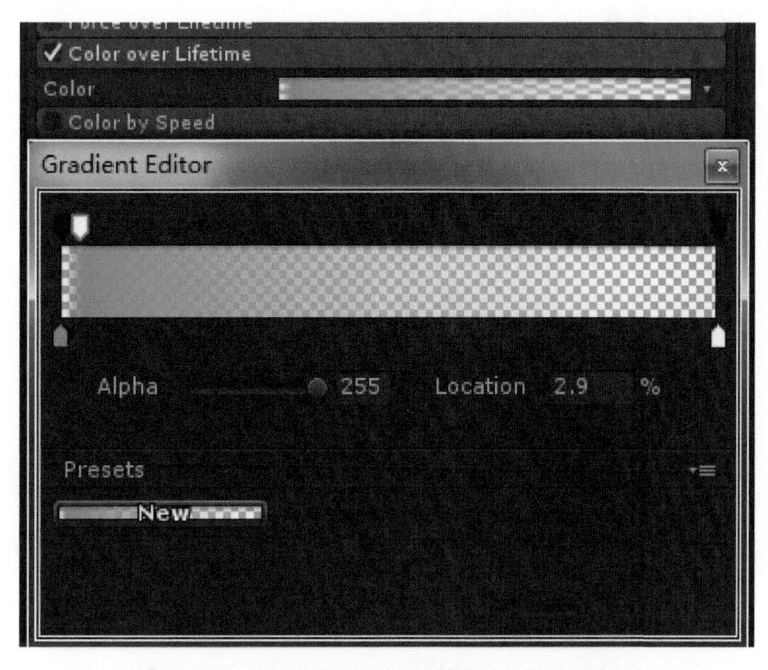

图4-45　裂纹粒子生命周期颜色模块参数设置

（15）裂纹的大小变化，同时可以通过调整Emission模块的参数设置精细模拟。将Rate（发射速率，即每秒粒子数量）参数值设为10，为了使粒子在0s时就出现，单击Bursts（粒子爆发）右侧的加号，增加一个爆发点Time为0，Particles为30（图4-46）。

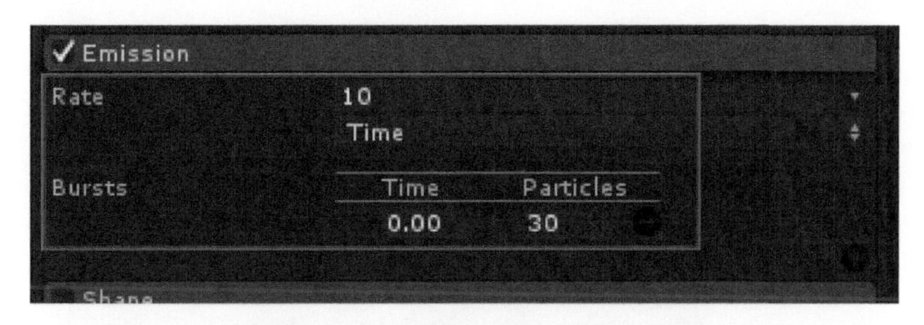

图4-46　裂纹粒子发射模块参数设置

粒子在0s就达到最大值即出生时场景中的粒子就为最大粒子，随着粒子的死亡有新的粒子从小到大生成，由于大小变化时间很短，因此可以模拟裂纹产生的过程。

（16）播放效果，发现爆炸粒子与地面有图片切割的效果，因此可以再增加一层在地面爆炸出现的闪光。制作方法与裂纹相同，以下简单介绍一下需要调整的粒子模块参数。

选择liewen粒子，复制一个新粒子，命名为bg_di。Renderer模块的参数设定如图4-47所示。

（17）初始化模块的参数设定如图4-48所示。

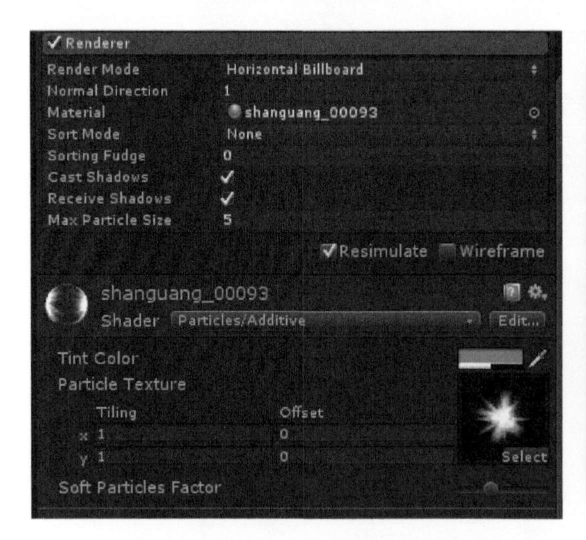

图4-47　闪光粒子材质参数设定

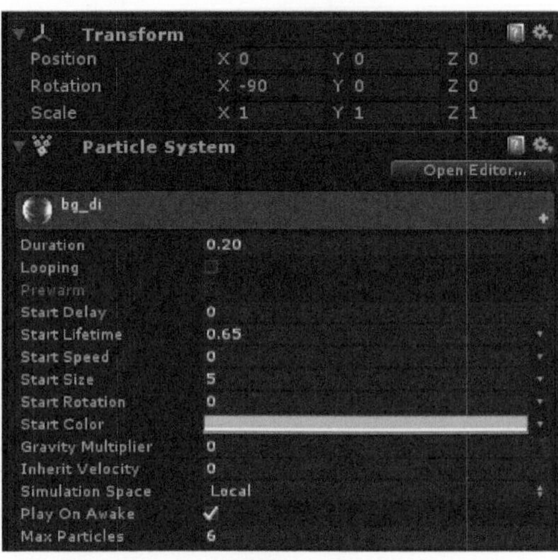

图4-48　闪光粒子初始化模块参数设定

（18）Size over Lifetime Module（生命周期粒子大小模块）的参数值调整如图4-49所示。

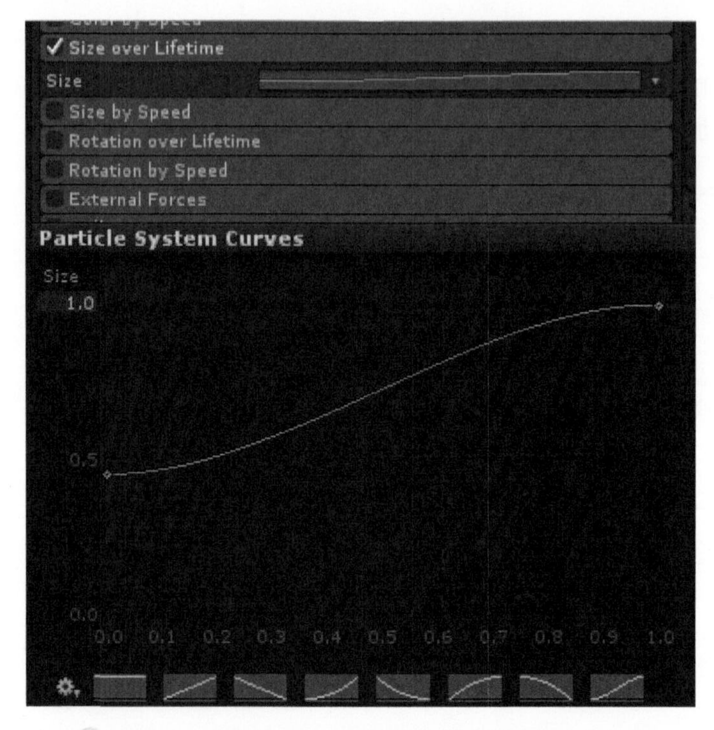

图4-49　闪光粒子生命周期粒子大小模块参数值调整

（19）还可以添加光晕效果，这里就不多做讲解，读者可以按照上述粒子制作方法和参数自行尝试。角色受攻击后的爆炸最终效果如图4-50所示。

图4-50　角色受攻击后的爆炸最终效果

4.4 魔法攻击特效制作

在各种游戏中魔法特效是最能吸引玩家的效果，气势滔天的火焰魔法、绚烂夺目的冰霜魔法、诡异神秘的召唤魔法、变化无穷的自然魔法等，很多玩家为了获得这些级别由低到高，威力越来越大，画面效果越来越炫的魔法技能，不得不“刻苦修炼、升级赚钱”，以便能不断学习新的魔法技能。而魔法攻击特效是游戏中最常见的魔法效果。

实例：雷电系魔法攻击

（1）打开Unity，新建一个Scene场景，并新建一个Unity3D自带平面作为碰撞地面，命名为pengchuang_pingmian，调整好摄像机角度。

（2）在制作雷电系魔法时，首先制作雷电的主体，闪电击打效果，然后是击打后的闪光爆炸效果。单击菜单栏中GameObject→Create Empty选项，建立一个空物体并命名为“vfx_shandian”，然后单击菜单栏中GameObject→Create Other→Particle System选项，在场景中新建一个粒子将粒子命名为“lighting”，拖到“vfx_shandian”物体下，并将粒子的位置归零（图4-51）。

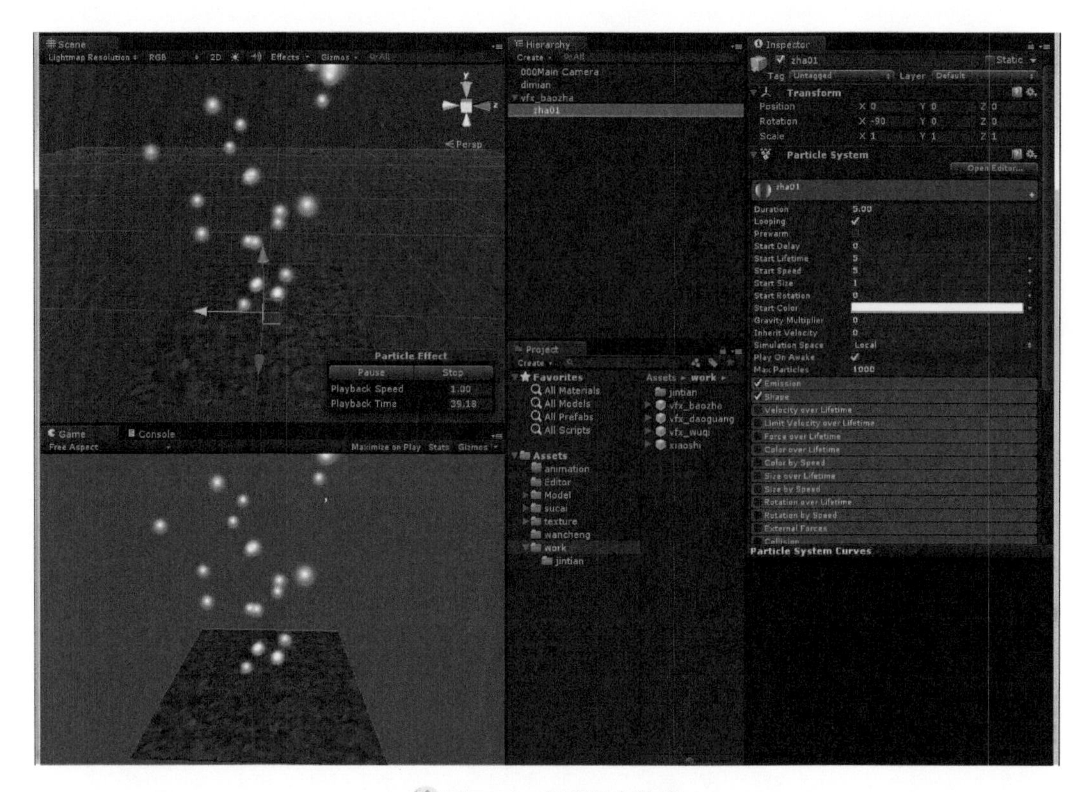

图4-51 创建闪电粒子

（3）设置闪电粒子的材质。选择Renderer模块标签，再单击Material属性右侧的圆圈按钮，在弹出的材质选择对话框中选择材质球“xulie_shandian002_1x4”（图4-52）。闪电是呈细长条状，因此需要将Render Mode（渲染方式）更改为Stretched Billboard（拉伸公告板）模式，调整Length Scale的参数值为-5，将Max Particle Size（最大粒子大小）调整为5，避免缩放视图时粒子大小发生相对视图的改变（图4-53）。

（4）xulie_shandian002_1x4材质球的贴图是一张序列图，因此需要勾选Texture Sheet Animation（序列帧动画纹理）模块，并设置Tiles的参数值X为1，Y为4（图4-54）。

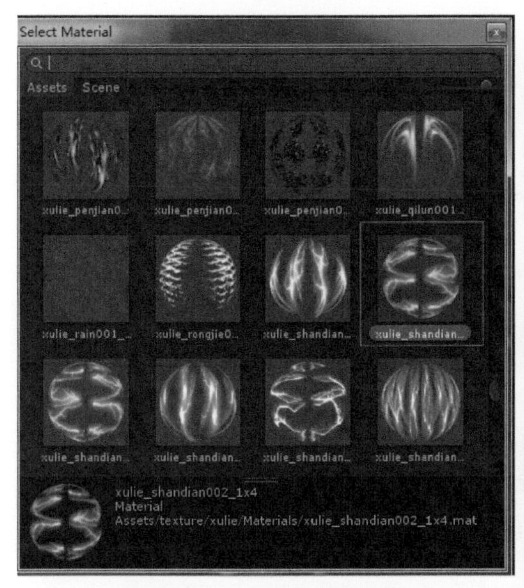

图4-52　闪电粒子材质设置

图4-54　闪电粒子序列帧动画纹理模块参数设置

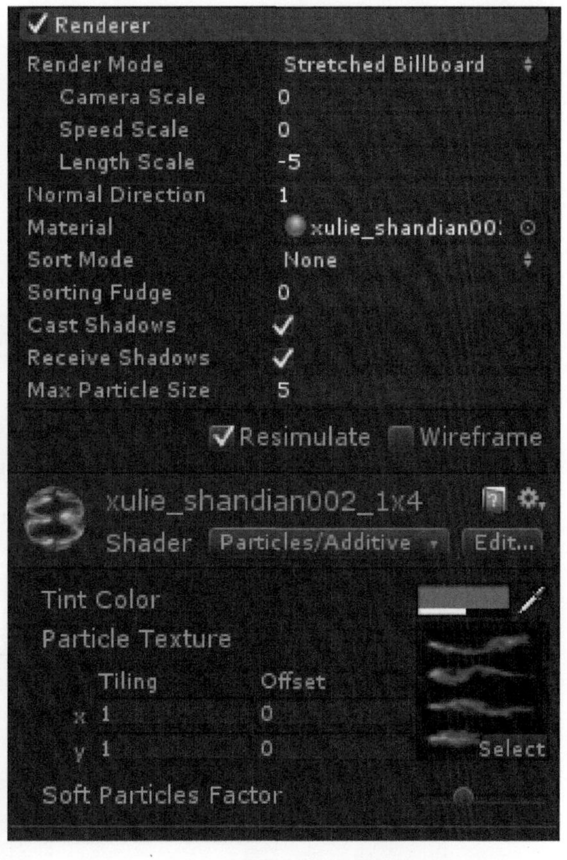

图4-53　闪电粒子渲染器模块参数设置

（5）调整闪电粒子的属性参数。单击初始化模块的标签，根据闪电时间短而迅速的特点，闪电的Duration（持续时间）的值设定为0.15。然后设定Start Lifetime（生命周期）为0.18，Start Speed（初始速度）为0.01，Start Size（初始大小）为1.5，Max Particle（最大粒子数）为2（图4-55），使场景中只有两个闪电粒子。

（6）Emission模块的参数设置。将Rate（发射速率，即每秒粒子数量）参数值调整为0，为了使粒子在0s时就出现，单击Bursts（粒子爆发）右侧的加号，增加一个爆发点Time为0，Particles为2（图4-56）。

（7）游戏中控制闪电击打只针对一个位置，因此粒子不需要发射范围。去掉Shape（形状）模块前的勾选，关闭此模块，这样闪电粒子每次都在同一位置发射（图4-57）。

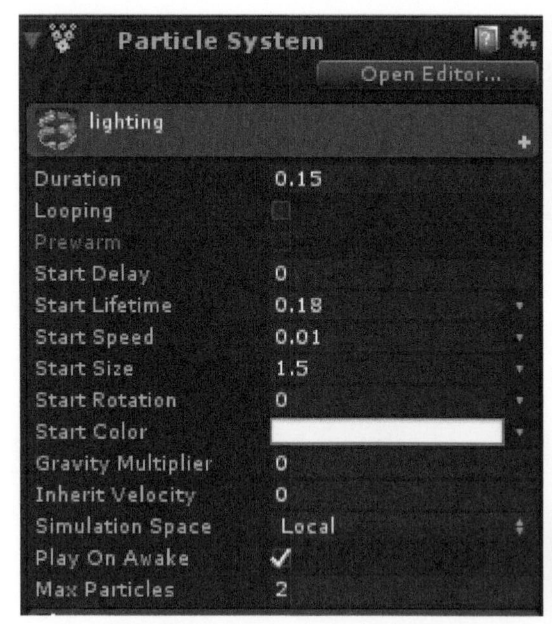

图4-55 闪电粒子属性参数调整

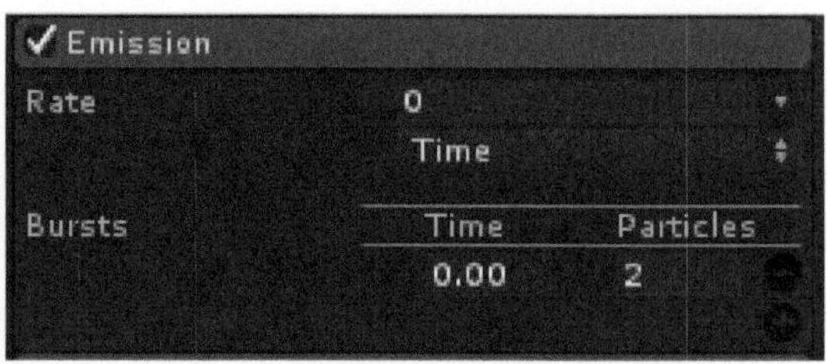

图4-56 闪电粒子发射模块参数设置

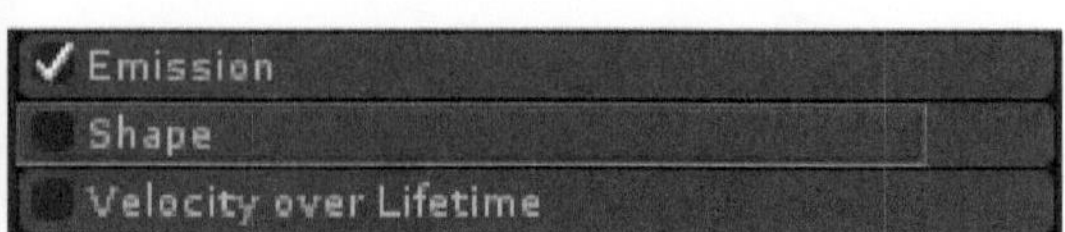

图4-57 闪电粒子发射位置设定

（8）设定Color over Lifetime Module（生命周期颜色模块）参数值。勾选该模块，单击Color参数右侧的颜色条，在弹出的渐变编辑器中编辑渐变颜色及透明度（图4-58）。

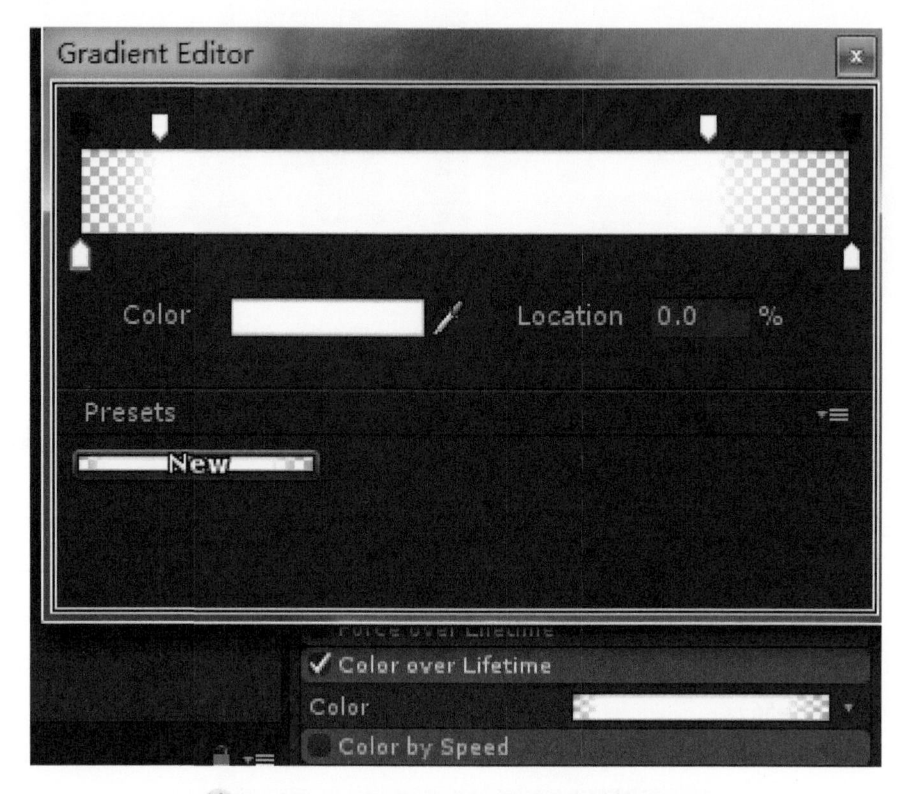

图4-58 闪电粒子生命周期颜色模块参数设定

（9）制作闪电打击时产生的爆点。新建一个粒子并将其命名为glow，将Renderer模块中的Material材质设定为“lizi_00045”材质球（图4-59）。

Render Mode（渲染方式）为Billboard公告板模式，将Max Particle Size（最大粒子大小）更改为5（图4-60）。

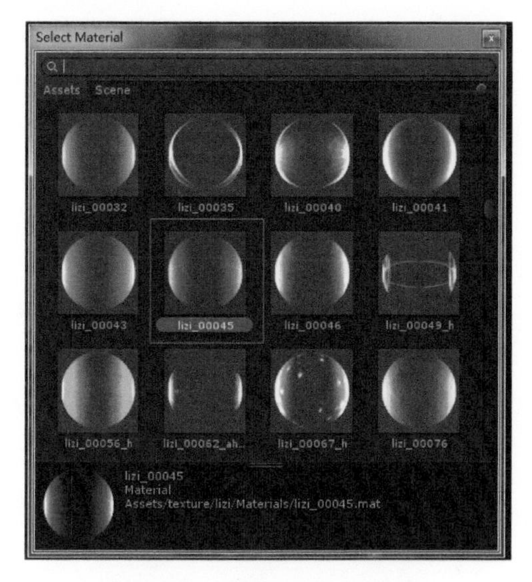

图4-59 爆点粒子材质选择

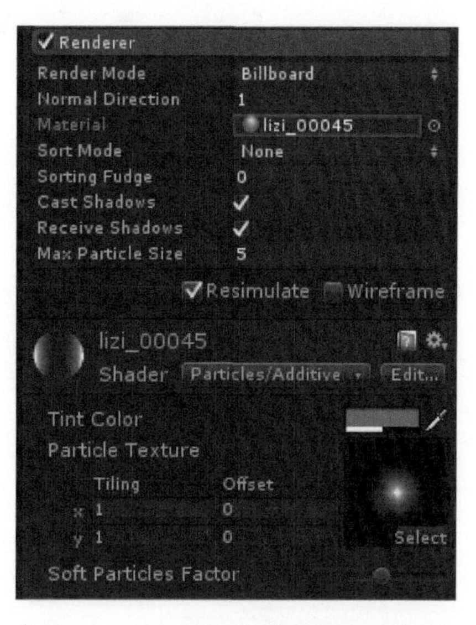

图4-60 爆点粒子材质渲染参数设定

（10）由于爆点是在零秒时粒子迅速爆亮，持续的是时间很短，因此粒子的Duration（持续时间）的值设定为0.4。然后设定Start Lifetime（生命周期）为0.25，Start Speed（初始速度）为0，单击Start Size（初始大小）右侧的下三角按钮，在下拉列表中选择Size值的变化方式为Random Between Two Constants（两个常数随机选择），两个常数值设为1.5和3，这样粒子的大小就为随机值了（图4-61）；同理设定Start Rotation（初始旋转）的值为在0和360两个常数之间随机取值。Start Color（初始颜色）的参数值如图4-62所示。

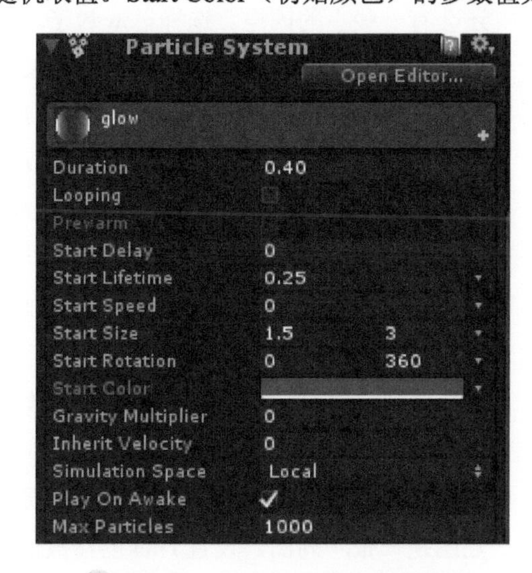

图4-61 爆点粒子属性参数设置

图4-62 爆点粒子初始颜色参数设置

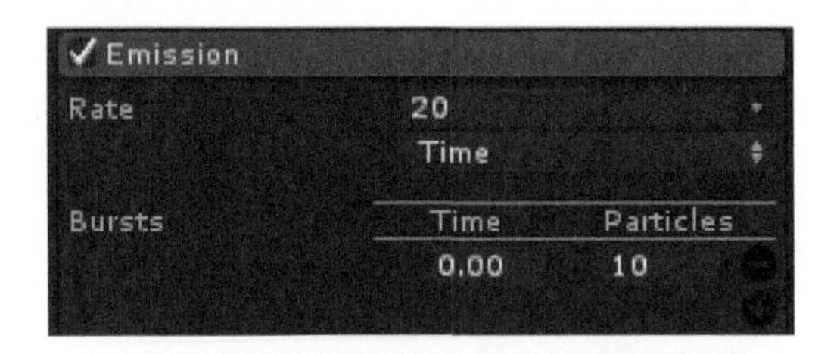

图4-63 爆点粒子发射模块参数设置

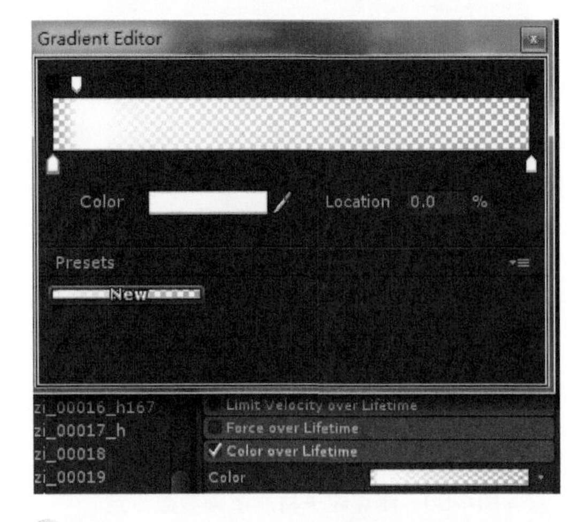

图4-64 爆点粒子生命周期颜色模块参数设置

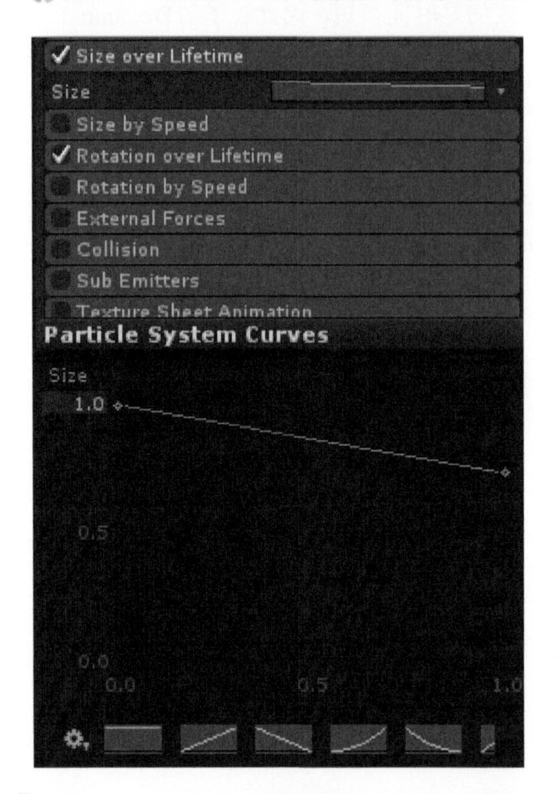

图4-65 爆点粒子生命周期粒子大小模块参数设置

（11）希望闪光粒子零秒爆亮后，可以有短暂的持续。因此Emission模块的参数设置如下，将Rate（发射速率，即每秒粒子数量）参数值设为20，为了使粒子在0s时就出现，单击Bursts（粒子爆发）右侧的加号，增加一个爆发点Time为0，Particles为10（图4-63）。

（12）设定Color over Lifetime Module（生命周期颜色模块）参数值。勾选该模块，单击Color参数右侧的颜色条，在弹出的渐变编辑器中编辑渐变颜色及透明度（图4-64）。

（13）设定Size over Lifetime Module（生命周期粒子大小模块）参数值，勾选该模块，单击Size参数右侧的曲线条框，在Particle System Curves（曲线编辑器）中编辑粒子的大小曲线（图4-65）。

（14）勾选Rotation over Lifetime Module（生命周期旋转模块），调整Angular Velocity（粒子旋转速度）的参数值为300（图4-66）。使爆点粒子产生爆亮旋转，增加亮光的动态。

（15）闪电击打后的爆炸不仅仅有爆亮，还会有一些小的闪电。选择glow粒子，复制一个新粒子，命名为sd01。为粒子更换材质球，Renderer模块的参数设定如图4-67所示。

（16）sd01粒子初始化模块的参数设定如图4-68所示，其中Start Color（初始颜色）的参数值如图4-69所示。

（17）Emission模块的参数设定和Shape模块的参数设定如图4-70所示。

（18）Color over Lifetime模块参数值和Size over Lifetime模块参数值不变。

（19）xulie_shandian063_4x4_h材质球的贴图是一张序列图，设置Tiles的参数值X为4，Y为4（图4-71）。

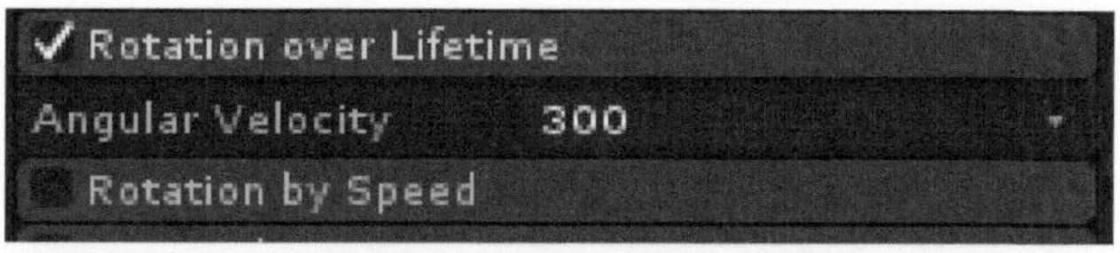

Rotation over Lifetime
Angular Velocity　300
Rotation by Speed

图4-66　爆点粒子生命周期旋转模块参数设置

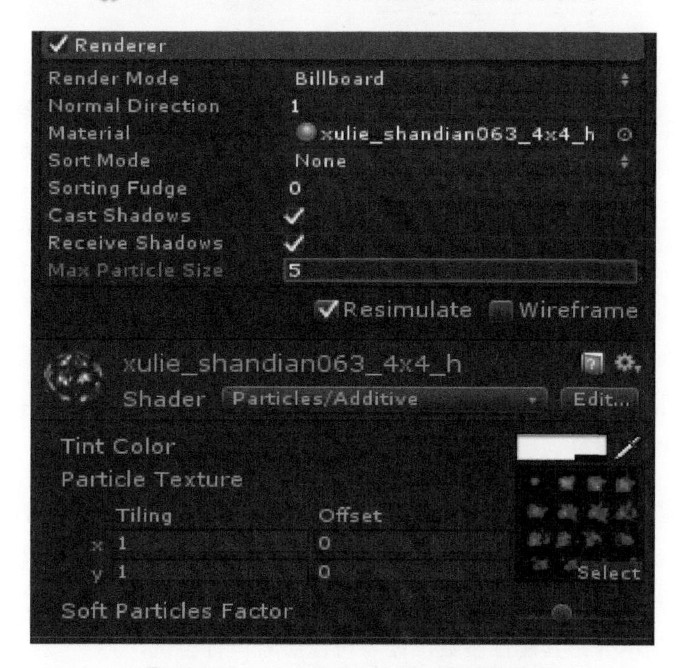

图4-67　小闪电粒子材质及参数设定

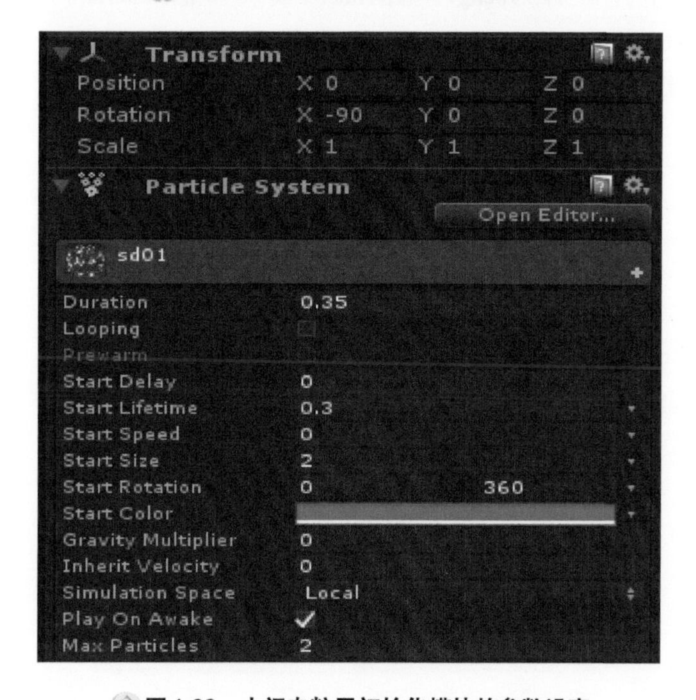

图4-68　小闪电粒子初始化模块的参数设定

图4-69　小闪电粒子初始颜色参数设定

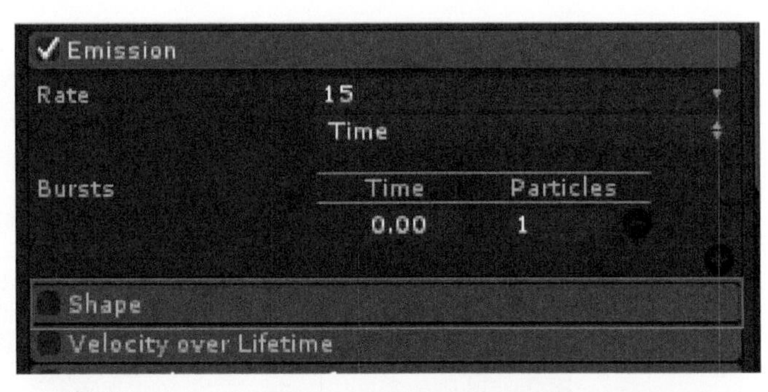

图4-70　小闪电粒子发射模块及形状模块的参数设定

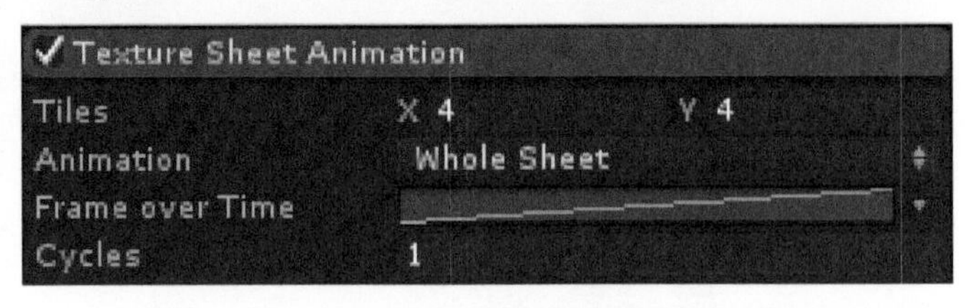

图4-71　小闪电粒子序列帧动画纹理模块参数设置

（20）可以再复制sd01粒子新建一层粒子，命名为sd02，用于制作中心的一些小闪电，制作的方法和步骤与sd01粒子相同，仅需调节一些属性参数值，这里不再重复。

（21）在闪电爆亮同时可以增加弹出些小的火星。这里的火星制作与前文篝火中火星的制作方法相同，这里简单介绍其属性参数，读者可以照着自行尝试。

新建一个粒子并命名为beng，将Renderer模块里的Material材质设定为材质球“lizi_00016_ah”（图4-72）。

其他的材质属性参数如图4-73所示。

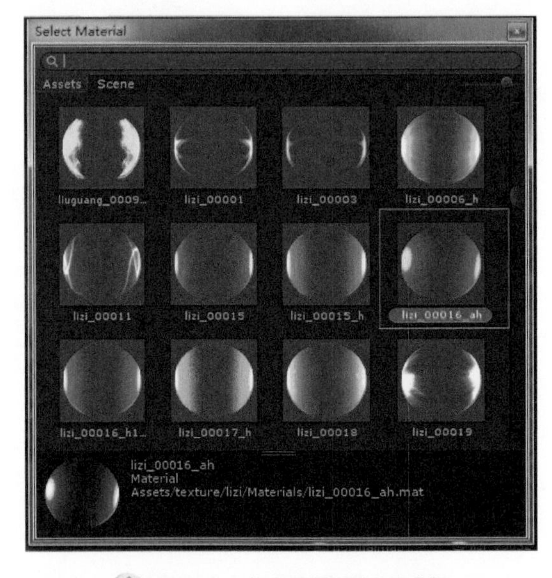

图4-72　小火星粒子材质选择

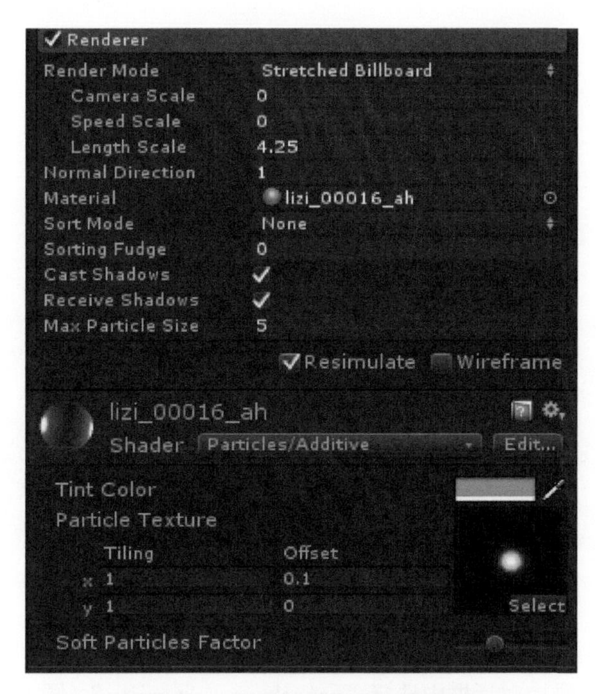

图4-73　小火星粒子材质属性参数设定

（22）粒子初始化模块的参数设定如图4-74所示，Emission模块的参数设定和Shape模块的参数设定如图4-75所示。

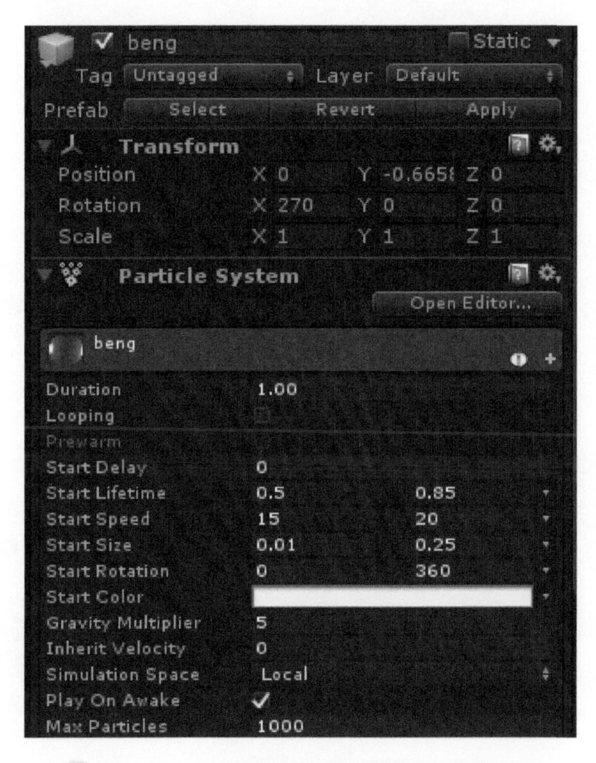

图4-74　小火星粒子初始化模块的参数设定

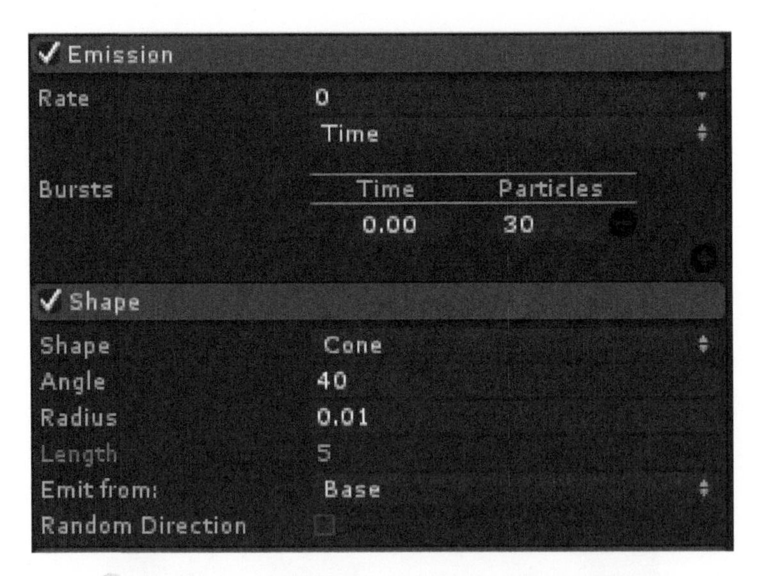

图4-75　小火星粒子发射模块和形状模块的参数设定

（23）火星与地面产生碰撞，因此勾选Collision模块，单击其模块标签，单击Planes右侧的圆圈按钮，在弹出的碰撞对话框中选择“pengchuang_pingmian”（图4-76），其他参数值设定如图4-77所示。

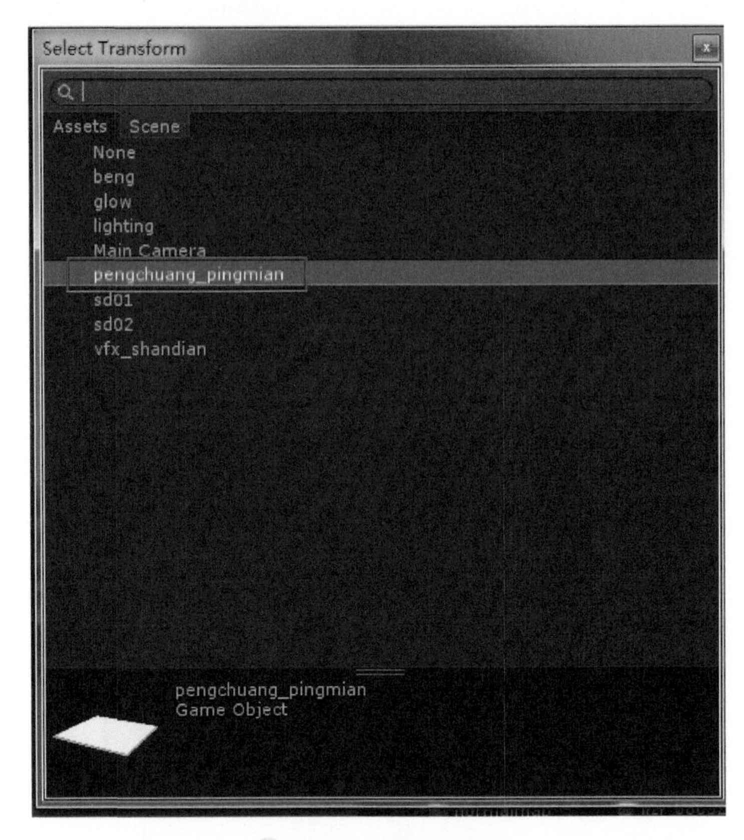

图4-76　碰撞对话框

✓ Collision	
	Planes
Planes	pengchuang_pingmian (Transform)
Visualization	Grid
Scale Plane	1.00
Dampen	0.1
Bounce	0.65
Lifetime Loss	0
Min Kill Speed	0
Particle Radius	0.01
Send Collision Messag	

图4-77　碰撞参数设定

（24）雷电系魔法攻击最终效果如图4-78所示。

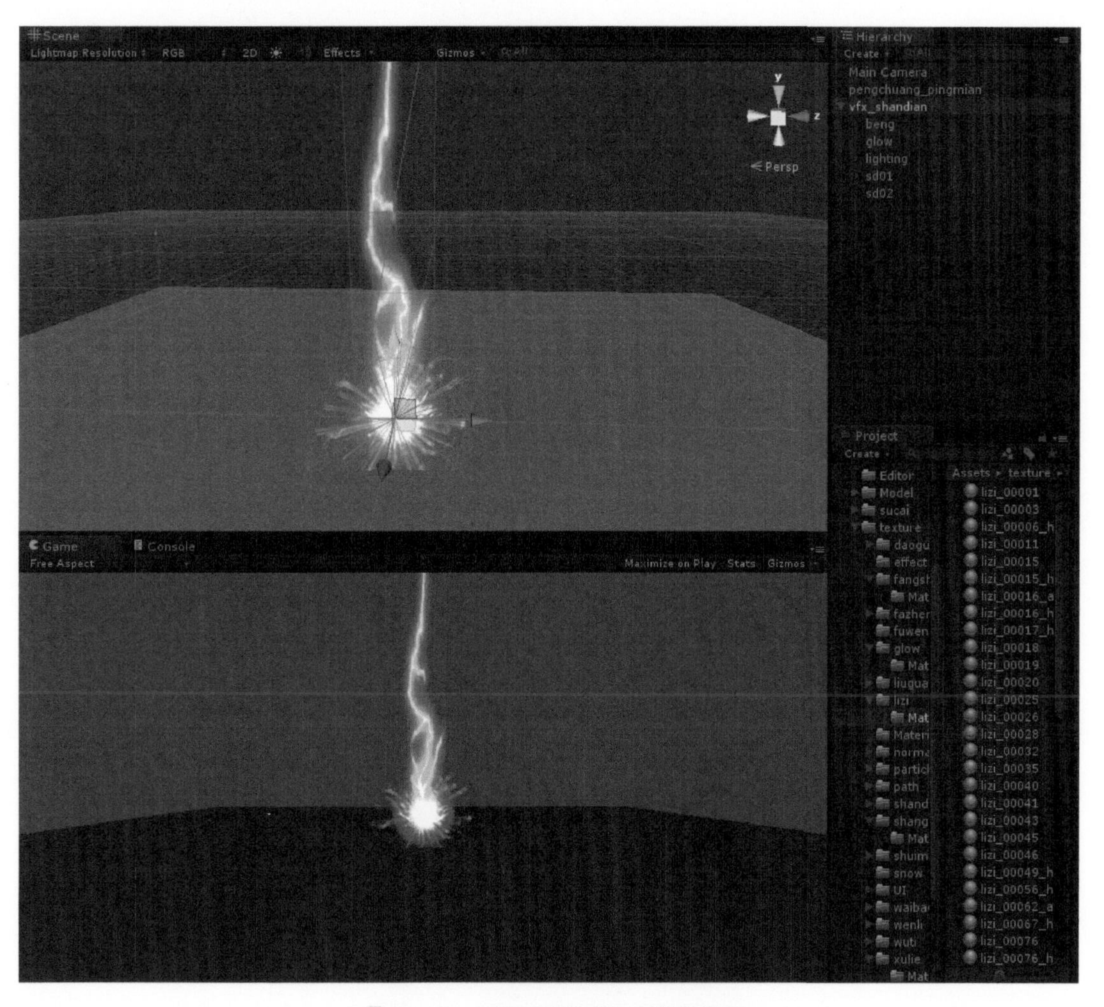

图4-78　雷电系魔法攻击最终效果

参考文献

[1] 朱毅，刘若海等. 游戏特效设计. 北京：清华大学出版社，2012.
[2] 张天骥. 3ds Max游戏特效火星课堂. 北京：人民邮电出版社，2012.